AF620064

LA SCIENCE DES NOMBRES

D'APRÈS LA TRADITION

58. — Abbeville. — Typ. et stér. Gustave Retaux.

LA SCIENCE DES NOMBRES

D'APRÈS

LA TRADITION DES SIÈCLES

PREMIÈRE PARTIE

EXPLICATION DE LA TABLE DE PYTHAGORE

PAR

L'ABBÉ D. MARCHAND,

Curé de Notre-Dame de Pontoise.

PARIS

G. TEQUI, LIBRAIRE-ÉDITEUR

DE L'ŒUVRE DE SAINT-MICHEL

6, RUE DE MÉZIÈRES, 6

—

1877

EXPLICATION DES SIGNES EMPLOYÉS.

$+$ veut dire	plus
$-$	moins
$=$	égale
$\times$	multiplié par
$\leqslant$	divisé par
$\frac{6}{2}$	6 sur 2 ou 6 divisé par 2
:	est à
::	comme

Ainsi : 5 : 20 :: 9 : 36 signifie 5 est à 20, comme 9 est à 36

Diff. ou D	Différence
R	Racine
B	Base
Δ	Triangle
$\square$	Carré
pce	puissance

INTRODUCTION

Importance et dignité de la science des nombres. Grand savoir des Anciens, des Pères de l'Église et des Scolastiques du moyen âge. Comment et à quelle occasion nous avons été amené à retrouver les procédés perdus des Anciens.

La science des nombres, qu'il ne faut pas confondre avec l'art du calcul, n'est pas une science imaginaire. « Qui oserait taxer ainsi une science « qui fut, dès la plus haute antiquité, l'objet de « l'étude et de l'admiration des vrais philosophes? « Un des plus grands génies qui aient paru dans « le monde, saint Augustin, la cultivait avec une « sorte de passion. Cette ardeur même était « pour lui le thermomètre du savoir et le signe « du génie. A mesure, dit-il, que l'homme sa- « vant et que l'homme d'étude se dégagent de la « matérialité qui les enveloppe, plus ils voient clai- « rement le nombre et la sagesse, et plus ils

« chérissent l'un et l'autre. » (*De lib. arbitrio*, lib. II, CX.)

« Ces paroles de l'illustre docteur signifient « qu'aux yeux du génie épuré, les nombres, for- « mant la partie la plus élevée de la science hu- « maine, sont les bases de l'univers, les lois qui « président à sa conservation (1). »

« Le nombre, ajoute le comte de Maistre, est « la barrière évidente entre la brute et nous... Dieu « nous a donné le nombre, et c'est par le nombre « que l'homme se prouve à son semblable. Otez « le nombre, vous ôtez les arts, les sciences, la « parole et par conséquent l'intelligence. Rame- « nez-le, et avec lui reparaissent ses deux filles cé- « lestes, l'harmonie et la beauté. Le cri devient « chant, le bruit reçoit le rhythme, le saut est danse, « la force s'appelle dynamique, et les traces sont « des figures. »

Ce que Mgr Gaume et Joseph de Maistre viennent de nous dire est le résumé de la pensée des savants et des sages de l'antiquité.

(1) Monseigneur Gaume, *Traité du Saint Esprit*, t. II, p. 293; ouvrage de haute théologie approuvé par Monseigneur Mabille, évêque de Versailles.

La science des nombres, nous dit Aristote, a plus de certitude que la géométrie elle-même. Les arts et les sciences, ajoute Platon, sont ses tributaires, car de toutes les sciences qui servent à l'éducation, il n'en est aucune qui soit d'un plus grand usage pour l'administration des affaires domestiques ou publiques et pour la culture des arts. Mais le plus grand avantage qu'elle procure, c'est d'éveiller l'esprit engourdi et rebelle, de lui donner plus d'acuité, de mémoire, de pénétration, et par un artifice vraiment divin, de lui faire réaliser des progrès en dépit d'une nature récalcitrante. Ainsi, on peut mettre cette science au rang des meilleurs et des plus puissants moyens d'éducation, pourvu d'ailleurs qu'on ait soin, par de sages mesures, d'étouffer tout sentiment bas, tout esprit d'intérêt dans l'âme de ceux à qui l'on voudra rendre profitable la science des nombres. Sans quoi, au lieu de lumières, on lui donnera sans s'en apercevoir cette habileté déplorable qui ne sert qu'à tromper les autres, comme nous le voyons dans les Égyptiens, les Phéniciens et beaucoup d'autres peuples. (Platon, *des Lois*, ch. v.)

Il est donc constant que chez les Anciens la

science des nombres était en honneur et occupait un rang distingué dans l'ordre des connaissances humaines. Les nombres pris en eux-mêmes et considérés dans leur essence méthaphysique étaient pour eux comme l'expression, l'image, l'ombre de la divinité, *numerus, Numinis umbra ;* et leur respect en ce point alla même jusqu'à la superstition, puisqu'au rapport de saint Augustin, ils adorèrent sous le nom de *Numérie* une divinité, qui, dans leur pensée, présidait aux nombres et en communiquait la science (*Cité de Dieu*, Liv. V.)

Héritiers respectueux et reconnaissants du savoir des Anciens, les Pères de l'Église et les Scolastiques du moyen âge; saint Augustin, Boëce, le Vénérable Bède, Alcuin, Hincmar, Raban-Maur, Lanfranc, Rupert, Fulbert et Yves de Chartres, Alexandre de Halès, Albert le Grand, saint Thomas d'Aquin et mille autres ont travaillé avec ardeur sur le fonds commun des siècles qui les avaient précédés et ont apporté leur pierre au précieux édifice de la science des nombres. Dans les temps modernes, la même ardeur ne s'est pas ralentie, et les savants n'ont pas manqué à la science. Il nous suffit, entre dix mille, de rappeler les noms

respectés de Fermat, de Pascal, d'Ozanam, de Leïbnitz et de Newton.

Mais si les savants n'ont jamais manqué à la science, pourquoi, à notre époque, passe-t-on si légèrement sur les travaux et les procédés des Anciens? Ces grands hommes, échelonnés sur la route des siècles, depuis les constructeurs de la grande pyramide d'Égypte jusqu'à saint Thomas d'Aquin, n'auraient ils été réellement que des apprentis-mathématiciens à côté de nos bacheliers ès-sciences? Cette supposition nous paraissant inadmissible, nous avons suivi le conseil que donne l'Écriture : *Interroga Patres et dicent tibi* : Interrogez vos Pères; et ils vous répondront. Nous avons donc interrogé nos maîtres dans la raison et nos pères dans la foi, et les savants du moyen âge, les docteurs de l'Église, notamment saint Augustin, nous ont révélé les secrets du calcul par le triangle et le carré.

De la science chrétienne, nous sommes remonté à la science antique. Dans la table de Pythagore, nous avons reconnu l'œuvre d'un puissant génie, qui a su, dans une formule actuellement incomprise, résumer logiquement la haute science des nombres. Puis à côté de Pythagore, s'est dressé devant nous un autre géant du savoir, un géant dont la mort tragique a douloureusement ému la postérité et immortalisé la mémoire. Pendant trois ans, seul en face des Romains consternés, il a posé chaque jour un problème qui attend sa solution depuis bientôt vingt et un siècles.

« Archimède (c'est Polybe et Plutarque qui « parlent) défend Syracuse sa patrie contre les « armées romaines. Il lance à son gré sur les sol« dats de Marcellus des projectiles de tous calibres, « même des rochers qui pèsent jusqu'à dix quin« taux. Ses machines sont proportionnées aux dis« tances qu'il veut atteindre et ne manquent jamais « leur but. »

Sur ce fait encore inexpliqué, nous avons raisonné comme il suit : Archimède a donc calculé la différence entre une force donnée et une autre force. Supposons (et la supposition ici est une réalité historique) que pour mieux écraser ses ennemis, soit qu'ils avancent, soit qu'ils reculent, à l'avant-garde, au centre, aussi bien qu'à l'arrière-garde, le savant mathématicien veuille donner à chacune de ses machines trois forces distinctes, mais simultanées, l'une portant, par exemple, à 12 stades, l'autre à 16 et l'autre à 28, comment va-t-il s'y prendre ?

Nécessairement il doit partir de ce principe arithmétique que ces trois forces : 12, 16 et 28 sont le produit de deux facteurs multipliés par une différence commune. Remplaçant alors par un chiffre son levier à triple projection, nous nous sommes dit encore : La différence entre 12 et 28, c'est 16. 16 sera donc le produit de la force multipliée du levier, c'est-à-dire un carré dont la racine est 4. Or, quels sont les 2 facteurs qui multipliés par 4 donnent, le 1er 12, et le 2e 28 ?

L'arithmétique nous a répondu : c'est 3 et 7.

Ce fut pour nous, au point de vue de la science des nombres, toute une révélation. Car nous avions l'opération suivante, avec toutes ses combinaisons multiples dont nous parlerons dans le cours de notre ouvrage, (2e partie, *Méthode d'Archimède et de saint Augustin.*)

Différence 4. $\left\{ \begin{array}{l} 3 \times 4 = 12 \\ \qquad\qquad - 16. \text{ Carré de la Différence.} \\ 7 \times 4 = 28 \end{array} \right.$

$4 \times 10 = 40$
$4 \times 21 = 84$

Ce genre de calcul ainsi retrouvé, il s'agissait de mettre à profit ses éléments, de le faire cadrer avec les lois des nombres et le calcul par le triangle et le carré. C'est ce que nous avons essayé de faire. Plusieurs personnes que nous avons successivement initiées à nos procédés, notamment M. Joseph Depoin, de Pontoise, et M. Lelasseur, de Nantes, nous ont été, dans plus d'une circonstance, d'un utile et précieux concours. Aussi sommes-nous heureux de pouvoir ici leur en témoigner toute notre reconnaissance.

Vulgariser et faire aimer la vraie science des nombres, la montrer telle qu'elle est en elle-même, telle que l'ont comprise et pratiquée nos maîtres dans la raison et nos Pères dans la foi, c'est-à-dire logique, harmonieuse, vivante et animée dans sa vaste synthèse, la mettre autant que possible à la portée de tous, même des enfants de nos écoles primaires, tel est notre but, telle est notre ambition.

D. MARCHAND

Curé de Notre-Dame de Pontoise (Seine-et-Oise).

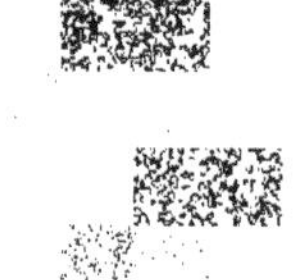

LA SCIENCE DES NOMBRES D'APRÈS LA TRADITION

CHAPITRE PREMIER.

L'UNITÉ. LE NOMBRE.

(Explication de la 1re série des nombres.)

1. — Saint Thomas d'Aquin enseigne que l'unité est un tout indivisible et le principe du nombre, et que le nombre est l'unité répétée (1 part., q. 30, art. 3). Il ajoute que le nombre 10 est la première et l'infranchissable limite des nombres. Au delà de dix, les nombres ne continuent pas, mais ils recommencent (2a 2æ q. 87, art. 1, Cor.).

Ce sont autant de séries nouvelles qui se reproduisent à l'infini sur le modèle de la 1re.

Nous allons aborder les nombres de la 1re série, et, à l'aide de la science antique, en donner la valeur et la signification.

Les nombres qui composent la 1re série sont comme on le sait :

1, 2, 3, 4, 5, 6, 7, 8, 9, 10.

L'unité, dit Philon, éorivain juif du Ier siècle de l'ère chrétienne, se représente par un point. ; le nombre 2 par deux points.., et ces deux points donnent la ligne ; le nombre 3 par trois points  , et ces trois points offrent la surfacè ; le nombre 4 par quatre points, et ces quatre points nous fournissent dans leur ensemble la figure d'un corps solide

Saint Augustin, de son côté, dit dans le même sens : l'unité, le point, nous conduit à la longueur (à 2), la longueur à la largeur (à 3) et la largeur à la hauteur (à 4), ce qui nous donne un corps solide. On remarquera, continue Philon, que le nombre 3 donne la figure du triangle, et 4, celle du carré.

De plus, ajoute le savant Cornélius à Lapide, le nombre 4 est la cause, la base et l'origine du nombre 10, lequel complète et termine la série. La preuve, c'est qu'en faisant la somme de ces 4 nombres, on obtient le nombre 10.

$$1 + 2 + 3 + 4 = 10.$$

Nous ajouterons pour corroborer ce que dit Cornélius à Lapide que 4 est la base triangulaire de 10.

Examinons maintenant la fonction de chacun des nombres de la série.

1° **L'unité**. — L'unité, d'après saint Thomas, est un tout indivisible et le principe de tout nombre. L'unité s'ajoute à tous les nombres, les forme tous et les divise tous sans aucune exception. Quand une quantité donnée n'est pas exactement divisible par l'unité, c'est que cette quantité n'est pas un nombre plein et entier. C'est pourquoi nous ne devons pas confondre l'unité avec la quantité, ni avec le nombre. L'unité est un tout indivisible, le nombre est l'unité répétée. La quantité peut être le nombre, mais elle peut aussi n'être qu'une fraction, qu'un morceau du nombre.

2. 2° **Le nombre 2.** — 2, à proprement parler, est le 1er nombre, c'est l'unité ajoutée à elle-même. C'est le 1er nombre pair, parce qu'il se compose de 2 unités pareilles, semblables à elles-mêmes (*par, paris,* égal, pareil). 2 est le 1er facteur qui domine tous les nombres pairs quels qu'ils soient. Il est aux nombres pairs ce que l'unité est à tous les nombres. Il divise donc tous les nombres pairs exactement.

Par conséquent, 2 est le seul entre tous les nombres, qui, ajouté à lui-même ou multiplié par lui-même, donne une somme égale à son produit.

$$2 + 2 = 4 ; 2 \times 2 = 4.$$

3. 3° **Le nombre 3.** — Le nombre 3 qui vient après le nombre 2 a une grande fonction. De même que 2 est le 1er facteur effectif, de même 3 est le 1er nombre triangulaire effectif.

Tous les nombres dont la somme absolue sera 3 ou un multiple de 3 dépendront de lui et seront exactement divisibles par lui. 3 sera pour les nombres impairs ce que 2 est pour les nombres pairs; il dominera tous ses subordonnés, tous ses multiples, et cela dans toutes les séries.

Dans la 1re série, depuis 1 jusqu'à 10 inclusivement,

le nombre 3 domine et divise 6 et 9, nombres qui sont placés à une égale distance de lui, et, remarquons-le bien, à une distance égale à sa somme absolue. De 3 à 6, distance = 3 ; de 6 à 9, distance = 3. De plus, 3 dominera le dernier nombre des séries, de 3 en 3, et les divisera exactement. Ainsi, il divisera 30, 60, 90, 120, 150, 180, 210, etc.

Là, et pas ailleurs, est la raison pour laquelle 3 divise toute somme dont la valeur absolue est 3, comme 201, par exemple, ou tout autre multiple de 3. D'où il est facile de conclure que la loi de divisibilité qui convient à 3 est la même que sa raison de progression. 3, 6, 9, 12, 15, 18, 21, 24, 27, 30, etc.

Remarquons avec Ozanam, savant mathématicien français de la fin du XVIIe siècle, que dans 2 nombres quelconques, l'un des 2, ou leur somme, ou leur différence, est divisible par 3.

Soit les 2 nombres 11 et 5, leur différence 6 est divisible par 3.

Soit les 2 nombres 6 et 5, le premier est divisible par 3.

Soit enfin les 2 nombres 7 et 5, leur somme 12 est divisible par 3.

4. 4° Le nombre 4. — 4 est le 1er carré effectif, le produit de 2 multiplié par 2. 4 multipliant un carré quelconque double la valeur de la racine de ce carré. Ainsi, 9, dont la racine est 3, multiplié par 4, donne 36, carré dont la racine est 6, double de 3. Par contre, 4 divisant le produit de 2 carrés quelconques, abaisse de moitié le produit des racines de ces 2 carrés.

$$\text{Exemple : } 9 \times 16 = 144 \,.\, \frac{144}{4} = 36, \text{ racine } 6$$

4 est un nombre qui joue un grand rôle dans la formation des carrés. Nous examinerons son importante fonction dans la formation des nombres, dans la table de Pythagore et dans le calcul par le triangle et le carré.

5. 5° **Le nombre 5.** — 5 qui termine la 1re moitié de la série a pour fonction particulière celle-ci : multiplié par un nombre impair, sa désinence est toujours 5, et multiplié par un nombre pair, sa désinence est toujours 0. Pourquoi ?

Par la raison que, terminant la moitié de la 1re série, les nombres impairs lui font produire,

1.	1 demi-série	1 × 5 = 5
3.	1 série et demie	3 × 5 = 15
5.	2 séries et demie	5 × 5 = 25
7.	3 séries et demie	7 × 5 = 35
9.	4 séries et demie	9 × 5 = 45

et les nombres pairs, les séries complètes :

2.	1 série	2 × 5 = 10
4.	2 séries	4 × 5 = 20
6.	3 séries	6 × 5 = 30
8.	4 séries	8 × 5 = 40
10.	5 séries	10 × 5 = 50

6. 6° **Le nombre 6.** — 6 commence la 2e moitié de la série des nombres. Multiplié par lui-même, sa désinence ne change pas. Les Anciens à cause de cela l'appelaient nombre circulaire ou sphérique. 6 est le produit de 2 par 3, du 1er facteur multiplié par un nombre qui n'est pas semblable à lui.

6 est encore le 1er nombre parfait.

Nous expliquerons plus loin ce qu'on entend par nombre parfait.

6 est le produit du 1er facteur par le 1er triangle effectif.

7. 7° **Le nombre 7.** — 7 est un nombre à part qui renferme en même temps le triangle et le carré. En effet : $3 + 4 = 7$. C'est pour cette raison que les Pythagoriciens l'appelaient le nombre vénérable (*venerabilis numerus*).

8. 8° **Le nombre 8.** — 8 est un cube, c'est le 4e nombre pair de la série, et il est le produit de 2 le 1er facteur, la racine multipliée par le 1er carré effectif. $2 \times 4 = 8$.

9. 9° **Le nombre 9.** — 9 est le carré de 3. Ce carré 9, comme sa racine 3, jouit de la propriété de diviser exactement tout nombre dont la valeur absolue est 9, comme 603, par exemple, ou tout autre nombre dont la somme est 9, ou un multiple de 9, comme 801, et 279. Pourquoi ?

Parce qu'il est dans l'ordre des choses qu'un carré suive la loi de sa racine. De plus, la somme absolue d'un nombre quelconque, soustraite de la valeur réelle de ce nombre, donne constamment un multiple de 9.

$$\begin{array}{l} 78574 = 31 \\ \underline{-\ \ \ 31} \\ 78543 \mid \underline{9} = 8727. \end{array}$$

10. 10° **Le nombre 10.** — 10, qui termine la 1re série, domine et divise exactement le dernier nombre de toutes les séries, comme l'unité domine et divise exactement tous les nombres.

CHAPITRE DEUXIÈME.

CLASSIFICATION DES NOMBRES.

Nous basant sur la table de Pythagore, nous classons les nombres de la manière suivante, c'est-à-dire par ordre :

1° De position ;
2° De désinence ;
3° De hiérarchie ;
4° De relation ou de rapport ;
5° De marche ou de progression et de configuration géométrique ;
6° De propriétés particulières.

Reprenons tous ces points en donnant d'abord la table de Pythagore. (Voir page 8.)

§ Ier. — Les nombres par ordre de position.

11. Nombres impairs et pairs. — Dans chaque série, chaque nombre a son rang et sa place. Rien n'y est laissé à l'arbitraire, car tout repose sur l'ordre immuable des choses. Cette distinction entre nombres impairs et nombres pairs a une grande portée qui n'avait pas échappé aux Anciens; car, dit Platon, à la

TABLE DE PYTHAGORE.

1	2	3	4	5	6	7	8	9
2	4	6	8	10	12	14	16	18
3	6	9	12	15	18	21	24	27
4	8	12	16	20	24	28	32	36
5	10	15	20	25	30	35	40	45
6	12	18	24	30	36	42	48	54
7	14	21	28	35	42	49	56	63
8	16	24	32	40	48	56	64	72
9	18	27	36	45	54	63	72	81

science des nombres est la recherche du pair et de l'impair. » Le philosophe mathématicien avait raison. Il est, en effet, impossible de rien comprendre à la marche des nombres, ni de résoudre un problème quelque peu sérieux, sans tenir compte de la différence qui existe entre les nombres impairs et les nombres pairs.

Le nombre impair est celui qui ne peut être divisé en deux nombres entiers et égaux entre eux, comme 3, 5, 7, 9, etc. Le nombre pair, au contraire, est celui qui peut être divisé en deux nombres entiers et égaux entre eux, comme 2, 4, 6, 8, 10, etc. Quand les deux moitiés d'un nombre sont paires, le nombre se nomme pairement pair, comme 8, dont les 2 moitiés sont 4.

Quand les 2 moitiés sont impaires, le nombre se nomme impairement pair, comme 6, qui, divisé par 2, donne 2 moitiés impaires, 3. On pourra juger de la portée du principe de Platon, dans tout le cours de notre ouvrage.

§ II. — Les nombres par ordre de désinence.

12. — Nous entendons ici par désinence la finale des nombres.

Dans la série des nombres, il y en a 4 qui multipliés par eux-mêmes ne changent jamais de finale. Les Anciens les appelaient circulaires ou sphériques. Ce sont : 1, 5, 6 et 10.

1 × 1 × 1 × 1 × 1 × 1 = 1, etc.
5 × 5 = 25 × 5 = 125 × 5 = 625, etc.
6 × 6 = 36 × 6 = 216..... 1296... 7776, etc.
10 × 10 = 100 × 10 = 1000... 10000... 100000, etc.

4 et 9 sont semi-circulaires, c'est-à-dire que, multipliés à l'infini par eux-mêmes, ils présentent la même finale alternée.

4 donne 4, 6, 4, 6, 4, 6, etc.

Exemple : 4 × 4 = 16
16 × 4 = 64
64 × 4 = 256, etc.

9 donne 9, 1, 9, 1, 9, 1, etc.

Exemple :

$$9 \times 9 = 81$$
$$81 \times 9 = 729$$
$$729 \times 9 = 6561, \text{ etc.}$$

2 et 8 ont 4 désinences, mais en sens inverse, comme 3 et 7

2	donne	comme	désinences :	2, 4, 8, 6.
8	»	»	»	8, 4, 2, 6.
3	»	»	»	3, 9, 7, 1.
7	»	»	»	7, 9, 3, 1.

Terminons ceci en disant que certains nombres premiers multipliés en progression par d'autres nombres premiers offrent comme désinences des particularités remarquables. Citons entre autres le nombre 37 multiplié par la progression de 3, et 13 multiplié par la progression de 7.

	Différences.
$3 \times 37 = 111$	111
$6 \times 37 = 222$	111
$9 \times 37 = 333$	111
$12 \times 37 = 444$	111
$15 \times 37 = 555$	111
$18 \times 37 = 666$	111
$21 \times 37 = 777$	111
$24 \times 37 = 888$	111
$27 \times 37 = 999$	111
$30 \times 37 = 1110$	111
	1110

On remarquera ici que la somme absolue des produits est égale à la valeur de la progression de 3. $111 = 3 \times 37$; $222 = 6 \times 37$; $333 = 9 \times 37$; $444 = 12 \times 37$; $555 = 15 \times 37$, etc.

On remarquera encore que tous les produits donnent une désinence triple et identique partant de l'unité jusqu'à 10, et que la somme des différences est égale à la somme du dernier produit, ce qui du reste arrive toujours pour tous les nombres multipliés en progression.

Le nombre suivant donne un résultat différent, mais peut-être plus curieux, en ce sens que les produits vont présenter 2 séries montantes et une série descendante.

	Différences.
$7 \times 13 = 091$	91
$14 \times 13 = 182$	91
$21 \times 13 = 273$	91
$28 \times 13 = 364$	91
$35 \times 13 = 455$	91
$42 \times 13 = 546$	91
$49 \times 13 = 637$	91
$56 \times 13 = 728$	91
$63 \times 13 = 819$	91
$70 \times 13 = 910$	91
	910

La table de Pythagore du reste nous donne déjà un exemple remarquable de désinence. Le nombre 9 multiplié successivement par tous les autres nombres depuis 1 jusqu'à 9 présente en sens horizontal aussi bien qu'en sens vertical une double désinence parfaitement caractérisée. Nous verrons plus tard, dans le calcul des puissances, jusqu'à quel point il importe de tenir compte de la désinence, puisque la désinence permet de résoudre presqu'instantanément des problèmes à la 5e, 6e, 9e, 10e, 12e, 13e, 14e, 17e, 18e, voire même la 64e puissance et au delà.

§ III. — Les nombres par ordre de hiérarchie. Nombres premiers.

13. — Dans le monde métaphysique plus que partout ailleurs, il y a une hiérarchie et une subordination contre lesquelles les caprices de l'intelligence humaine sont impuissants ; dans le monde des nombres, il y a donc des souverains et des sujets. Les souverains, ce sont les nombres dits nombres premiers ; et les sujets, les subordonnés, sont les autres nombres qui en dépendent, les multiples.

Un nombre premier est un ensemble d'unités disposées d'une manière telle que cet ensemble n'est divisible que par l'unité.

Pour avoir une idée quelconque, quoique bien affaiblie, du monde des nombres, figurez-vous ceci ; figurez-vous une armée des myriades de milliards de fois plus nombreuse que les sables du désert, que les atômes de notre atmosphère et que les soleils des nébuleuses. Cette armée obéit à un chef unique, à l'unité.

Ce souverain sans rival veut bien cependant communiquer à d'autres quelque chose de son pouvoir. Il les rend participants de son indivisibilité, il en fait des chefs de légions.

Eh bien ! Ces chefs de légions, ce sont les nombres premiers. Sont-ils nombreux ? Notre faible et débile raison pourrait le croire. En réalité, ils sont rares et très-rares, bien que depuis 1 jusqu'à 1009 il y en ait 169.

1° Dans la 1re série, il y a, outre l'unité, 4 nombres premiers qui sont : (1) 2, 3, 5, 7.

2° Tous les nombres de la 1re série concourent à la formation des nombres premiers.

3° Dans les 9 autres séries qui suivent, tous les nombres tour à tour, à l'exception de 7 nombres, à savoir : 20, 32, 51, 62, 80, 84 et 89 viennent concourir à la formation des nombres premiers ainsi qu'on peut s'en convaincre en consultant la table des nombres premiers.

Pour former un nombre premier d'une grande élévation, Ozanam indique le moyen suivant :

On prend, dans la table des puissances de 2, les nombres qui ont pour exposant 2, 4, 8, 16, etc. ; on y ajoute l'unité et l'on obtient ainsi un nombre premier.

Exemple :			
$2^2 =$	4	$4 + 1 =$	5
$2^4 =$	16	$16 + 1 =$	17
$2^8 =$	256	$256 + 1 =$	257
$2^{16} =$	65.536	$65.536 + 1 =$	65.537

A part cette indication, la science dans son état actuel n'a pas encore trouvé le mode de formation des nombres premiers, les lois de périodicité de ces nombres ayant jusqu'ici échappé à ses investigations. Espérons que cette lacune sera un jour comblée.

Pour savoir si un nombre très-élevé est premier ou ne l'est pas, il y a 2 moyens négatifs : le premier consiste à examiner sa désinence.

A partir de la 2e série, tous les nombres premiers se terminent par l'un des 4 chiffres suivants : 1, 3, 7, 9.

Le second est de faire la somme de ce nombre, et si cette somme donne un multiple de 3, c'est une preuve que le nombre proposé n'est pas un nombre premier.

Quant à un moyen positif de savoir si un nombre très-élevé est premier ou ne l'est pas, la science en est encore réduite au tâtonnement, c'est-à-dire à employer tour à tour tous les nombres impairs comme diviseurs du nombre proposé, jusqu'à concurrence de la racine carrée approximative.

§ IV. — Les nombres par ordre de relation ou de rapport.

14. — Le monde des nombres n'est pas le chaos. Tout, au contraire, y est tellement agencé, disposé et réglé avec ordre et sagesse que les uns dépendent des autres, les nombres premiers de l'unité, et les multiples de leurs facteurs.

Les nombres peuvent donc avoir entre eux deux relations générales, l'une directe et l'autre indirecte.

La relation directe est celle du facteur à ses multiples, c'est la relation de puissance. On entend par puissances d'un nombre les différents degrés auxquels on l'élève, en le multipliant la première fois par lui-même, et les autres fois, par le produit précédemment obtenu.

Un nombre à son état naturel est à lui-même sa 1re puissance. Multiplié la 1re fois par lui-même, il est à sa 2e puissance. Ce produit obtenu multiplié par le même nombre donne sa 3e puissance, et ainsi de suite indéfiniment.

Pour indiquer le degré de puissance auquel un

nombre est élevé, on place au-dessus de ce nombre un chiffre indicateur qui marque le degré d'élévation.

Ainsi : 2^2 veut dire 2 à sa 2e puissance.
2^3 » » 2 » » 3e puissance.
2^4 » » 2 » » 4e puissance.
2^{17} » » 2 » » 17e puissance.

Ce chiffre indicateur s'appelle exposant parce qu'il expose la situation faite au nombre dont il s'agit. Nous donnerons les lois des exposants et des puissances quand nous aborderons la méthode de saint Augustin.

La relation indirecte entre 2 nombres a lieu, lorsque ces 2 nombres qui de prime abord paraissent étrangers l'un à l'autre sont mis en rapport, soit par la différence qui les sépare, soit par l'addition, soit par la multiplication, comme 3 et 7, par exemple, dont la différence est 4, la somme 10 et le produit 21.

C'est sur ces trois relations que repose le calcul par la différence, procédé puissant auquel nous donnons le nom de méthode d'Archimède, et dont nous expliquerons le fonctionnement et les lois dans notre 2e partie.

§ V. — Les nombres par ordre de marche ou de progression.

Nous n'avons pas à parler ici de la progression arithmétique qui procède par voie d'addition, ni de la progression géométrique qui procède par voie de multiplication. Ces points sont traités dans tous les livres élémentaires d'arithmétique.

Nous envisageons ici les nombres en progression

à un autre point de vue, et nous disons : les nombres dans leur marche ont la faculté de progresser indéfiniment en s'ajoutant d'une manière continue à un autre nombre qui devient alors le régulateur de leurs mouvements.

Nous distinguons en ce sens 2 sortes de progressions, la progression régulière et naturelle, et la progression uniforme.

15. Progression régulière. — La progression régulière est celle d'un nombre qui progresse selon la force qui lui est propre. Ainsi, la progression régulière de 1 est 1, celle de 2 est 2, celle de 3 est 3, celle de 4 est 4, et ainsi des autres nombres. C'est d'après ce principe basé sur la logique et sur l'essence des choses que Pythagore a dressé la table qui porte son nom, table très-savante à laquelle les mathématiciens modernes n'ont rien compris, ou n'ont rien voulu comprendre.

16. Progression uniforme. — La progression uniforme est celle dans laquelle le nombre employé comme mesure ou raison de progression est constamment le même, soit 1, soit 2, soit 3, soit 4, etc.

17. Progression triangulaire. — Lorsque le nombre pris comme raison de progression est 1, la progression est dite unitaire ou triangulaire, parce que tous les nombres qui se succèdent ajoutés les uns aux autres forment des triangles arithmétiques, c'est-à-dire des nombres qui, représentés, graphiquement, donnent la figure du triangle géométrique équilatéral.

Exemple : 1. 2. 3. 4. 5. 6. 7. 8. 9. 10.

Vous dites $1 + 2 = 3$; 3, triangle dont la base ou le côté est 2. Vous pouvez le représenter comme ceci :

; vous continuez et vous dites 3 et 3 = 6 ;

2e triangle dont la base est 3 : 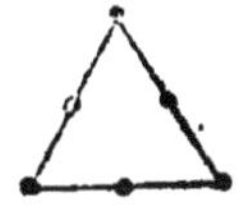

$$6 + 4 = 10$$
$$10 + 5 = 15, \text{ etc.}$$

18. Progression carrée ou quadrangulaire. — Si le nombre pris comme mesure ou raison de progression est 2, la progression est dite carrée parce qu'en additionnant tous les nombres impairs successivement, et en prenant le total précédemment obtenu, on a constamment des nombres carrés.

Exemple : 1. 3. 5. 7. 9. 11. 13. 15.

1 et 3 = 4	25 et 11 = 36
4 et 5 = 9	36 et 13 = 49
9 et 7 = 16	49 et 15 = 64
16 et 9 = 25	

On nomme ces nombres carrés, parce que, représentés graphiquement, ils donnent la figure du carré géométrique. 4 : : ; 9 ⁝ ⁝ ⁝

19. Progression paire. — Quand on additionne successivement tous les nombres pairs, on obtient une progression que nous appelons dans notre méthode progression des ambes.

Nous entendons généralement par ambe 2 nombres et plus spécialement 2 racines multipliées l'une par l'autre. L'ambe est d'un grand usage dans le calcul par les différences comme dans celui des puissances.

Ainsi la progression paire :

2, 6, 12, 20, 30, 42, 56, 72, 90, etc., équivaut aux ambes :

$1 \times 2 = 2$	$4 \times 5 = 20$	$7 \times 8 = 56$
$2 \times 3 = 6$	$5 \times 6 = 30$	$8 \times 9 = 72$
$3 \times 4 = 12$	$6 \times 7 = 42$	$9 \times 10 = 90$

20. Progression pentagonale. — Lorsque le nombre pris comme mesure ou raison de progression est 3, la progression est pentagonale, parce qu'alors tous les nombres en s'additionnant successivement donnent des nombres qui représentés graphiquement auraient la forme géométrique du pentagone comme ci-dessous.

Pentagone numérique.

Elle se forme numériquement par l'addition du 1er nombre obtenu avec le nombre suivant.

$$5 + 7 = 12$$
$$12 + 10 = 22$$
$$22 + 13 = 35$$

1 ⌒ 4 ⌒ 7 ⌒ 10 ⌒ 13 ⌒ 16 ⌒ 19 ⌒ 22 ⌒ 25
5 12 22 35 51 70 92 117

De plus, les pentagones ont cette propriété que si on les multiplie par 24, et qu'on ajoute 1 au produit, on obtient des nombres carrés.

$5 \times 24 = 120 + 1 = 121$; $12 \times 24 = 288 + 1 = 289$.

Ozanam dit bien cela, mais il ne dit pas que ces carrés ainsi obtenus ont pour racine le dernier terme de la progression qui finit, et le premier terme de celle qui commence, additionnés. Ainsi :

$$4 + 7 = 11 ;\ 11 \times 11 = 121$$
$$7 + 10 = 17 ;\ 17 \times 17 = 289$$
$$10 + 13 = 23 ;\ 23 \times 23 = 529$$
$$13 + 16 = 29 ;\ 29 \times 29 = 841$$
$$16 + 19 = 35 ;\ 35 \times 35 = 1225$$
$$19 + 22 = 41 ;\ 41 \times 41 = 1681$$
$$22 + 25 = 47 ;\ 47 \times 47 = 2209$$

Remarquons que la progression entre les racines de ces carrés est constamment 6. $11 + 6 = 17$; $17 + 6 = 23$, etc. Pourquoi ?

Parce que dans la 1re ligne nous avons de 1 à 4, différence 3 ; de 4 à 7, différence 3; total des 2 différences $= 6$.

21. Progression hexagonale. — Lorsque le nombre pris comme raison de progression est 4, la progression s'appelle hexagonale, parce qu'alors tous les nombres en s'additionnant successivement donnent des hexagones, c'est-à-dire des nombres qui représentés graphiquement auraient la forme géométrique de l'hexagone comme ci-dessous :

Hexagone numérique.

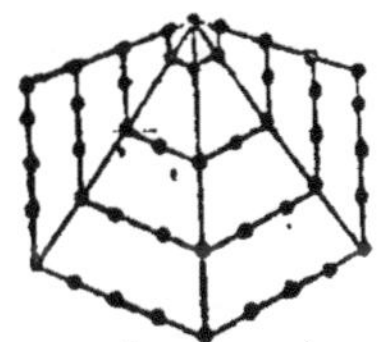

Elle se forme numériquement en additionnant le 1er nombre obtenu avec le nombre suivant :

$$6 + 9 = 15$$
$$15 + 13 = 28$$
$$28 + 17 = 45 \text{ etc.}$$

1.	5.	9.	13.	17.	21.	25.	29.	33.
	6.	15.	28.	45.	66.	91.	120.	153.

Série triangulaire des nombres impairs :

37.	41.	45.	49.	53.	57.	61.
190.	231.	276.	325.	378.	435.	496.

Remarquons ici que tous les hexagones sont des nombres triangulaires, alternativement pairs et impairs.

De plus, nous y retrouvons les 3 1ers nombres parfaits, 6, 28 et 496. D'où nous tirons cette conclusion que tous des nombres parfaits sont des hexagones, et tous pairs. Nous nous arrêtons ici; nos lecteurs voient comment il faut procéder pour avoir des heptagones, des octogones, des ennéagones, des décagones, etc., le procédé étant toujours le même.

EXPLICATION DE LA TABLE DE PYTHAGORE.

22. Table de Pythagore. Savante table des progressions. Les lois des nombres y sont contenues. — La table de Pythagore est une savante table de progression.

Nous y trouvons :

1° La série des triangles.

Prenons en sens horizontal :

La 1re	colonne nous donne le triangle			1.
La 3e	ceux de		3 et de	6.
La 5e	»	»	10	15.
La 7e	»	»	21	28.
La 9e	»	»	36	45.

2° La série des carrés.

En prenant en diagonale, depuis 1 jusqu'à 81, nous

avons la série des carrés. 1, 4, 9, 16, 25, 36, 49, 64, 81.

Puis additionnant dans le sens vertical 2 nombres consécutifs, nous avons la différence entre ces carrés.

1 + 2 = 3	différence	entre	1 et	4
2 + 3 = 5	»	»	4	9
3 + 4 = 7	»	»	9	16
4 + 5 = 9	»	»	16	25
5 + 6 = 11	»	»	25	36
6 + 7 = 13	»	»	36	49
7 + 8 = 15	»	»	49	64
8 + 9 = 17	»	»	64	81.

3° La progression paire.

Cette progression, comme on le sait, se forme par la multiplication de 2 nombres consécutifs. Prenons dans la 2e colonne, soit en sens horizontal, soit en sens vertical, à partir de 2, et nous avons, en suivant la diagonale, à côté de la progression des carrés, la progression paire, 2, 6, 12, 20, 30, 42, 56, 72, progression qui est formée par les nombres de la 1re colonne multipliés successivement l'un par l'autre.

$1 \times 2 = 2$	$5 \times 6 = 30$
$2 \times 3 = 6$	$6 \times 7 = 42$
$3 \times 4 = 12$	$7 \times 8 = 56$
$4 \times 5 = 20$	$8 \times 9 = 72$

Nous verrons plus tard l'importance du rôle de cette progression.

4° La progression double.

Prenons à partir de la 2e colonne, en sens horizontal ou en sens vertical.

Nous pouvons établir autant de proportions que nous voudrons; nous pouvons dire :

2 : 4 :: 6 : 12
3 : 6 :: 9 : 18
4 : 8 :: 12 : 24 etc.

De plus, il nous est possible de croiser 4 nombres et d'obtenir par la multiplication des produits égaux, et cela en tous sens. Nous pouvons dire

$$1 \times 81 = 81 \text{ et } 9 \times 9 = 81$$

aussi bien que

$$1 \times 4 = 4 \text{ et } 2 \times 2 = 4,$$

aussi bien que

$$2 \times 72 = 144 \text{ et } 16 \times 9 = 144, \text{ etc.}$$

Tâchons maintenant de saisir l'idée générale qui a présidé à la confection de cette table. Pythagore a choisi pour sa table un carré, et un carré impair, afin d'avoir une case et une colonne centrales. Étudions le rôle de cette case et de cette colonne.

5° Le rôle de la case centrale.

C'est autour d'elle que gravitent tous les nombres du casier. Pourquoi et comment ?

Parce que le nombre qu'elle renferme ici, 25, est d'abord le carré de 5, racine centrale et moyenne entre 1 et 9, et ensuite parce que 25, carré central, est à son tour gouverné et dominé par le 1er carré effectif qui est 4.

Or, en multipliant 25 par 4, nous avons 100. Maintenant, en ayant soin de nous tenir à une égale distance de la case centrale, 4 cases additionnées vont constamment nous donner la somme de 100.

Exemple :

1 .. 9	2 .. 8	3 .. 7	4 .. 6
9 .. 81	18 .. 72	27 .. 63	36 .. 54
$\overline{10}+\overline{90}=100$	$\overline{20}+\overline{80}=100$	$\overline{30}+\overline{70}=100$	$\overline{40}+\overline{60}=100$

Prenons en croix latine.

1° au centre :

$$\begin{array}{ccc} & 20 & \\ 20 & & 30 = 50 + 50 = 100 \\ & 30 & \\ & \overline{50} & \end{array}$$

2° à l'extrémité :

$$\begin{array}{ccc} & 5 & \\ 5 & & 45 = 50 + 50 = 100 \\ & 45 & \\ & \overline{50} & \end{array}$$

Mais pourquoi 4 cases additionnées nous donnent-elles 100? Parce que la valeur moyenne de chaque case est 25. Voilà pourquoi les 81 cases additionnées nous donnent pour total 2025.

En outre, si nous additionnons 1 et 9, nous avons 10. Or, $10 \times 10 = 100$; nouvelle preuve que la case centrale est bien réellement dominée par 4, 1er carré effectif, puisque $4 \times 25 = 100$. On peut prendre un autre carré impair. Les nombres changeront, mais les lois resteront les mêmes. Si par exemple nous prenons le carré de 11, nous aurons 6 pour racine moyenne et centrale. Nous aurons $1 + 11 = 12$, puis $12 \times 12 = 144$. La case centrale sera 36 qui, multiplié par 4, nous donnera 144.

Cependant, pour être en tout point dans les mêmes conditions, il faut prendre un casier impair, dont la 1re colonne aura pour dernier chiffre un carré impair, comme 25, 49, 81, 121, 169, etc.

6° Colonne centrale.

Tout casier impair a nécessairement une colonne centrale, aussi bien en sens horizontal qu'en sens vertical. Or, la case du centre de cette colonne a une action sur les autres cases de cette même colonne, 2 autres cases qui s'en séparent à distance égale, additionnées, donnent le double de sa valeur.

Exemple :

1re colonne :

1 + 9 = 10	double de 5, case centrale de la colonne	
2 + 8 = 10	» »	»
3 + 7 = 10	» »	»
4 + 6 = 10	» »	»

2e colonne :

2 + 18 = 20	double de 10, case centrale de la 2e colonne	
4 + 16 = 20	» »	»
6 + 14 = 20	» »	»
8 + 12 = 20	» »	»

Et ainsi des autres colonnes.

Nous trouvons encore dans l'ensemble de cette table, les rapports du triangle, du carré et du cube. En additionnant les nombres de chaque colonne, soit en sens horizontal, soit en sens vertical, on a :

1re colonne		45	triangle dont la base est	9
2e	»	90	double de	45
3e	»	135	triple de	45
4e	»	180	quadruple de	45
5e	»	225	quintuple de	45
6e	»	270	sextuple de	45
7e	»	315	septuple de	45
8e	»	360	octuple de	45
9e	»	405	nonuple de	45
Total		2025		

Or, le nombre 2025 est le carré de 45.

$$45 \times 45 = 2025.$$

De plus 81, carré de 9, multiplié par 25, somme de la case centrale, donne également 2025.

$$81 \times 25 = 2025.$$

Remarquons encore que 9 multiplié par 5, racine centrale, donne 45, somme du 1er triangle dont la base est 9. $5 \times 9 = 45$, et que 4, 1er carré effectif, plus 5, racine centrale, font 9, base du triangle 45.

Remarquons en outre que 2025 est la somme de tous les cubes depuis 1 jusqu'à 9 inclusivement. Nous reviendrons sur ce sujet dans notre étude sur le triangle et le carré.

L'utilité de la table de Pythagore ne se borne pas à ce que nous venons de dire. Elle sert encore à former de 2 manières différentes le triangle arithmétique de Pascal, en vertu des lois que nous allons exposer.

23. Triangle arithmétique de Pascal. — Voici d'abord le triangle de Pascal.

1	1	1	1	1	1	1	1	1	1
	1	2	3	4	5	6	7	8	9
		1	3	6	10	15	21	28	36
			1	4	10	20	35	56	84
				1	5	15	35	70	126
					1	6	21	56	126
						1	7	28	84
							1	8	36
								1	9
									1

On voit que les cases de la 1re bande horizontale ne contiennent que l'unité.

Dans chacune des bandes suivantes, le nombre d'une case quelconque est égal à la somme des 2 nombres contenus dans la case voisine à gauche, et dans la case immédiatement supérieure à celle-ci. Le 1er nombre de chaque bande est l'unité, et l'origine de chaque bande recule d'une unité vers la droite.

La 1re propriété du triangle de Pascal est de donner dans les bandes horizontales et diagonales les nombres figurés du 1er ordre, c'est-à-dire l'unité.

La seconde bande horizontale et diagonale contient les nombres naturels.

La 3e les nombres triangulaires.

La 4e les nombres pyramidaux, ainsi nommés parce que, représentés graphiquement, ils donnent la figure géométrique d'une pyramide.

Une autre propriété du triangle de Pascal, c'est son rapport avec le binôme de Newton, relativement aux coefficients des différents termes d'une puissance.

Mais, comme nous n'employons pas les procédés algébriques, nous n'avons pas à nous arrêter sur ce point.

Ce que nous avons à retenir pour le moment, c'est ce principe, à savoir :

« Que le dernier terme d'un ordre quelconque est « la somme générale de tous les termes de l'ordre « précédent. »

Ainsi, par exemple, la somme des 9 1ers nombres naturels est 45. Le dernier terme de l'ordre suivant, c'est-à-dire des nombres triangulaires, est 45, 45 ayant pour base triangulaire le nombre 9.

24. — Nous allons rendre ce principe plus sensible

en faisant non pas un triangle, mais un carré arithmétique, dressé à la manière pythagoricienne.

CARRÉ ARITHMÉTIQUE.

1	1	1	1	1	1	1	1	1	=	9
1	2	3	4	5	6	7	8	9	=	45
1	3	6	10	15	21	28	36	45	=	165
1	4	10	20	35	56	84	120	165	=	495
1	5	15	35	70	126	210	330	495	=	1.287
1	6	21	56	126	252	462	792	1.287	=	3.003
1	7	28	84	210	462	924	1716	3.003	=	6.435
1	8	36	120	330	792	1.716	3.432	6.435	=	12.870
1	9	45	165	495	1.287	3.003	6.435	12.870	=	24.310
9	45	165	495	1.287	3.003	6.435	12.870	24.310		

Cette table quadrangulaire contient dans la 1re bande horizontale et verticale 9 fois l'unité.

La 2e bande, en sens horizontal et vertical, contient les 9 1ers nombres naturels, dont le dernier est égal à la somme de la 1re bande.

La 3e bande contient dans un sens comme dans l'autre les nombres triangulaires, dont le dernier 45 est égal à la somme des 9 1ers nombres naturels.

La 4e bande contient dans les 2 sens les nombres pyramidaux dont le dernier 165 est égal à la somme des 9 1ers nombres triangulaires.

Et ainsi de suite pour les nombres des ordres suivants.

Pour former cette table par voie d'addition, vous dites, en sens horizontal aussi bien qu'en sens vertical :

$1+1=2$	$1+2=3$	$1+3=4$
$1+2=3$	$3+3=6$	$4+6=10$
$1+3=4$	$6+4=10$	$10+10=20$
$1+4=5$	$10+5=15$	$20+15=35$
$1+5=6$	$15+6=21$	$35+21=56$
$1+6=7$	$21+7=28$	$56+28=84$
$1+7=8$	$28+8=36$	$84+36=120$
$1+8=9$	$36+9=45$	$120+45=165$

Et ainsi de suite pour les nombres des autres ordres.

Nous allons maintenant former tous les nombres du triangle ou du carré arithmétique de 2 autres manières : par voie de multiplication et de division, d'abord avec les nombres impairs et pairs, et ensuite avec les nombres pairs seuls.

I. — Avec les nombres impairs et pairs.

25. Première loi. — 2 nombres consécutifs multipliés l'un par l'autre forment un produit divisible par 2, et ces produits divisés par 2 donnent la série des nombres triangulaires.

$$1 \times 2 = 2 \leqslant 2 = 1$$
$$2 \times 3 = 6 \leqslant 2 = 3$$
$$3 \times 4 = 12 \leqslant 2 = 6$$
$$4 \times 5 = 20 \leqslant 2 = 10$$
$$5 \times 6 = 30 \leqslant 2 = 15, \text{ etc.}$$

Remarquons ici en passant que 2, 6, 12, 20, 30, etc., est la progression pythagoricienne qui divisée par 2 donne la série triangulaire. C'est $\frac{n(n+1)}{2}$ des algébristes.

26. Deuxième loi. — 3 nombres consécutifs multipliés l'un par l'autre forment un produit divisible par 6 ; et ces produits divisés par 6 donnent la série des nombres pyramidaux.

$$\begin{aligned}
1 \times 2 \times 3 &= 6 \leqslant 6 = 1 \\
2 \times 3 \times 4 &= 24 \leqslant 6 = 4 \\
3 \times 4 \times 5 &= 60 \leqslant 6 = 10 \\
4 \times 5 \times 6 &= 120 \leqslant 6 = 20, \text{ etc.}
\end{aligned}$$

27. Troisième loi. — 4 nombres consécutifs multipliés l'un par l'autre forment un produit divisible par 24. Ces produits divisés par 24 donnent la série des nombres pyramido-pyramidaux, ou du 4ᵉ ordre, en partant des nombres naturels considérés comme formant le 1ᵉʳ ordre.

$$\begin{aligned}
1 \times 2 \times 3 \times 4 &= 24 \leqslant 24 = 1 \\
2 \times 3 \times 4 \times 5 &= 120 \leqslant 24 = 5 \\
3 \times 4 \times 5 \times 6 &= 360 \leqslant 24 = 15 \\
4 \times 5 \times 6 \times 7 &= 840 \leqslant 24 = 35, \text{ etc.}
\end{aligned}$$

28. Quatrième loi. — 5 nombres consécutifs multipliés l'un par l'autre forment un produit divisible par 120. Ces produits divisés par 120 donnent la série des nombres du 5ᵉ ordre.

$$\begin{aligned}
1 \times 2 \times 3 \times 4 \times 5 &= 120 \leqslant 120 = 1 \\
2 \times 3 \times 4 \times 5 \times 6 &= 720 \leqslant 120 = 6, \text{ etc.}
\end{aligned}$$

Nous pourrions poursuivre plus loin. Mais le lecteur voit et comprend la nature du procédé, toujours le même, pour tous les ordres, indéfiniment.

II. — Avec les nombres pairs seuls.

29. Première loi. — 2 nombres pairs consécutifs multipliés l'un par l'autre forment un produit divisible par 8. Ces produits divisés par 8 donnent la série des nombres triangulaires.

$$2 \times 4 = 8 \leqslant 8 = 1$$
$$4 \times 6 = 24 \leqslant 8 = 3$$
$$6 \times 8 = 48 \leqslant 8 = 6$$
$$8 \times 10 = 80 \leqslant 8 = 10$$
$$10 \times 12 = 120 \leqslant 8 = 15$$
$$12 \times 14 = 168 \leqslant 8 = 21, \text{ etc.}$$

30. Deuxième loi. — 3 nombres pairs consécutifs multipliés l'un par l'autre forment un produit divisible par 48. Ces produits divisés par 48 donnent la série des nombres pyramidaux.

$$2 \times 4 \times 6 = 48 \leqslant 48 = 1$$
$$4 \times 6 \times 8 = 192 \leqslant 48 = 4$$
$$6 \times 8 \times 10 = 480 \leqslant 48 = 10, \text{ etc.}$$

31. Troisième loi. — 4 nombres pairs consécutifs multipliés l'un par l'autre forment un produit divisible par 384. Ces produits divisés par 384 donnent la série des nombres pyramido-pyramidaux.

$$2 \times 4 \times 6 \times 8 = 384 \leqslant 384 = 1$$
$$4 \times 6 \times 8 \times 10 = 1920 \leqslant 384 = 5$$
$$6 \times 8 \times 10 \times 12 = 5760 \leqslant 384 = 15, \text{ etc.}$$

Nous nous arrêtons ici. On voit que le procédé consiste à multiplier 2, 3, 4, 5, 6, 7, 8, 9, etc., nombres pairs consécutifs, l'un par l'autre, et à diviser les produits successifs par le résultat de la 1re opération, par

8 pour 2 nombres, par 48 pour 3, par 384 pour 4, par 3840 pour 5, par 46080 pour 6, et ainsi de suite.

Par ce qui précède, on voit que notre table donne, tout aussi bien que le triangle de Pascal, les coefficients du binôme de Newton, et que c'est uniquement la table de Pythagore qui nous a fourni les éléments nécessaires à sa construction.

CHAPITRE TROISIÈME.

LE CALCUL NONAL.

32. — Nous venons de voir dans la table de Pythagore la mise en pratique du calcul par 10, du calcul décimal. Mais à côté de ce calcul, aussi ancien que l'histoire, il y a le calcul par 9, le calcul nonal.

On le trouve à l'état rudimentaire dans Avicenne, célèbre arithméticien, philosophe et médecin arabe, né en 980 et mort en 1036.

Dans ce système de numération, la 1re série des nombres se termine à 9, en sorte que 10 devient le commencement de la 2e série, 19 le commencement de la 3e, et ainsi de suite, de 9 en 9.

En apparence peu pratique, ce genre de notation numérique est cependant appelé à rendre de grands services au calcul décimal lui-même, parce qu'il permet de vérifier toutes les opérations arithmétiques d'une manière presque instantanée, et cela, d'après des lois infaillibles.

Tout traité élémentaire d'arithmétique parle bien de la preuve par 9; mais aucun jusqu'ici n'a donné les lois d'ensemble sur lesquelles repose cette preuve.

Nous avons déjà dit, en parlant du nombre 9, que la somme absolue d'un nombre quelconque soustraite de ce nombre donne constamment un multiple de 9.

La raison de ce principe, c'est que dans le calcul nonal, tout nombre est considéré comme somme absolue. Si le total est un multiple de 9, on le considère comme équivalant à 9 ou à zéro.

Si ce total ne donne pas un multiple exact de 9, son reste est considéré comme une nouvelle série incomplète. Soit par exemple le nombre 178 ; ce nombre comme somme absolue vaut 16, qui à son tour réduit en somme absolue vaut 7. Dès lors, le nombre 178 est l'équivalent de plusieurs séries de 9, plus une série incomplète qui est 7.

Le fond de ce système consiste donc à réduire chaque nombre donné à la plus simple expression de sa somme absolue. Ainsi : 178,934,678, réduit comme somme absolue à sa plus simple expression, vaut 8.

33. Preuve de l'addition. — Dès lors, pour qu'une addition soit reconnue exacte, il faut que toutes les sommes partielles réduites à la plus simple expression de leur somme absolue soient égales à la somme absolue du total réduit à sa plus simple expression.

Exemple :

$$\begin{array}{rcl} 789 & = & 6 \\ 873 & = & 0 \\ 541 & = & 1 \\ 863 & = & 8 \\ \underline{602} & = & 8 \\ \end{array}$$
$$3668 = 23 = 5 ; \overline{23} = 5.$$

34. Preuve de la soustraction. — Pour qu'une soustraction soit reconnue exacte, il faut que la plus faible somme absolue partielle soustraite de la plus forte somme absolue partielle soit égale au reste de la soustraction.

Exemple :

$$
\begin{array}{r}
12697 = 25 = \quad 7 \\
\underline{11999} = \quad = \quad \underline{2} \\
698 = 23 = 5;\ 5
\end{array}
$$

35. Preuve de la multiplication. — Pour qu'une multiplication soit reconnue exacte, il faut que le multiplicande et le multiplicateur réduits à leur plus simple expression comme somme absolue donnent un produit égal au produit général réduit à son tour à sa plus simple expression.

Exemple :

$$
\begin{array}{r}
759 = 3 \\
\underline{863 = 8} \\
2277 \\
4554 \\
\underline{6072} \\
655017 = 6
\end{array}
\left\} 3 \times 8 = 24 = 6. \right.
$$

36. Preuve de la division. — Pour qu'une division soit reconnue exacte, il faut que le produit du diviseur et du quotient réduit à sa plus simple expression comme somme absolue soit égal au dividende également réduit à sa plus simple expression.

Exemple :

$$
\begin{array}{r|l}
655017 & 759 \\
4781 & \overline{863} \\
2277 & \\
00 &
\end{array}
\left\{
\begin{array}{l}
\text{Dividende} = 6 \\
\text{Diviseur} = 3 \\
\text{Quotient} = 8
\end{array}
\right.
\quad \{ 3 \times 8 = 24 = 6
$$

37. Table de concordance à l'usage du calcul nonal. — Pour mieux faire comprendre la marche du calcul nonal, nous allons dresser une table à la manière pythagoricienne, et nous tâcherons d'en tirer des conclusions.

TABLE DE CONCORDANCE ET DE CORRESPONDANCE DES SOMMES ABSOLUES DES NOMBRES.

1	10	19	28	37	46	55	64	73	= 333 = 37 × 9
2	11	20	29	38	47	56	65	74	= 342 = 38 × 9
3	12	21	30	39	48	57	66	75	= 351 = 39 × 9
4	13	22	31	40	49	58	67	76	= 360 = 40 × 9
5	14	23	32	[41]	50	59	68	77	= 369 = 41 × 9
6	15	24	33	42	51	60	69	78	= 378 = 42 × 9
7	16	25	34	43	52	61	70	79	= 387 = 43 × 9
8	17	26	35	44	53	62	71	80	= 396 = 44 × 9
9	18	27	36	45	54	63	72	81	= 405 = 45 × 9
45	126	207	288	369	450	531	612	693	3.321 = 369 × 9
5	14	23	32	[41]	50	59	68	77	
5	5	5	5	5	5	5	5	5	

Dans cette table, comme dans celle de Pythagore, il y a le carré de 9, une case et une colonne centrales. Dans cette table, chaque nombre de la colonne centrale multiplié par 9 donne la somme totale de la colonne.

Si l'on prend en sens horizontal, on a :

$$37 \times 9 = 333 \; ; \; 38 \times 9 = 342, \text{ etc.}$$

Si l'on prend en sens vertical, on a :

$$5 \times 9 = 45 \; ; \; 14 \times 9 = 126, \text{ etc.}$$

La case centrale 41, multipliée par 9, en sens vertical comme en sens horizontal, donne 369, nombre qui multiplié par 9 donne 3321. Or, 3321 est égal à

41 × 81, et c'est un nombre triangulaire qui a pour base 81, nombre de la dernière case.

De plus 3321 × 3321 = 11,029,041, somme de tous les cubes depuis 1 jusqu'à 81 inclusivement.

En outre, on voit que chaque colonne, dans le sens horizontal, contient des nombres dont la somme absolue est identique, 1, 10, 19, etc. Également, toutes les sommes réunies de chaque colonne, soit en sens vertical, soit en sens horizontal, sont des multiples de 9.

Application du calcul nonal aux puissances.

38. — Ce que nous venons de dire aurait son intérêt en supposant même que son application se bornât à l'arithmétique la plus élémentaire.

Mais, grâce à Dieu, il n'en est pas ainsi.

Nous allons démontrer de la manière la plus péremptoire que la haute science ne peut pas s'en passer, si elle veut un moyen prompt et facile de vérifier ses calculs.

Supposons qu'on nous pose ce problème à résoudre: La différence entre 2 nombres consécutifs élevés à la 5ᵉ puissance est 40,951. Leur différence à une autre puissance inconnue est 68,618,940,391. Quels sont ces, 2 nombres?

Je veux d'abord savoir si celui qui me pose ce problème ne s'est pas trompé dans son énoncé.

En vertu d'une loi qui sera expliquée plus loin dans le calcul par le triangle et le carré, j'acquiers promptement et sans tâtonnement la certitude que le nombre

40,951 est la différence exacte entre les 5es puissances de 9 et de 10.

Je fais alors la somme des 2 nombres proposés, je trouve que ramenée à sa plus simple expression la somme absolue de chacun d'eux est 1, et j'en conclus que 40,951 étant la différence entre 9 et 10 à la 5e puissance, 68,618,940,391 est la différence exacte entre 9 et 10 à la 11e puissance.

Pourquoi cela ?

En vertu d'une loi générale qui est très-facile à retenir :

A partir du carré, c'est-à-dire à partir de la 2e puissance, les puissances, leurs différences et leurs sommes, ramenées comme somme absolue à leur plus simple expression suivent une périodicité de 6 en 6 puissances.

Exemple :

1° *Puissances* : 4 à sa 2e puissance donne 16 qui ramené à sa plus simple expression vaut 7.

4 à sa 8e puissance (de 2 à 8, différence 6) donne 65,536 qui ramené à sa plus simple expression nous donne également 7. — (Nota. Le seul cas où, pour les puissances, la loi soit sans efficacité comme contrôle, c'est lorsque les puissances d'un nombre sont un multiple de 9.)

2° *Différences* : 6 et 7 donnent 13 comme différence entre leurs carrés ; 13 ramené à sa plus simple expression comme somme absolue vaut 4. 6 et 7 à la 8e puissance donnent comme différence 4,085,185, nombre qui ramené à sa plus simple expression comme somme absolue vaut également 4.

Cette loi vraie pour les nombres consécutifs est également applicable aux nombres non consécutifs.

3 et 7 donnent comme différence à la 2e puissance 40, nombre qui ramené à sa plus simple expression vaut 4. 3 et 7 à la 8e puissance donnent comme différence 5,758,240, nombre qui ramené à sa plus simple expression vaut également 4.

3° *Sommes des puissances :* 6 et 7 élevés au carré donnent comme somme 85, nombre qui ramené à sa plus simple expression vaut 4.

6 et 7 à la 8e puissance donnent comme somme 7,444,417, nombre qui ramené à sa plus simple expression vaut 4.

Cette loi vraie pour les nombres consécutifs est aussi applicable aux nombres non consécutifs.

Ainsi 3 et 7 élevés au carré donnent comme somme 58, nombre qui ramené à sa plus simple expression vaut 4. 3 et 7 à la 8e puissance donnent comme somme 5,771,362; nombre qui ramené à sa plus simple expression vaut 4.

39. Cycle de périodicité propre au calcul nonal. — On voit dès lors, qu'à partir du carré, un nombre, soit puissance, soit différence, soit somme, contrôle son correspondant à 6 puissances de distance. Le cycle de périodicité s'établit donc de la sorte :

2e	8e	14e	20e	26e	32e
3	9	15	21	27	33
4	10	16	22	28	34
5	11	17	23	29	35
6	12	18	24	30	36
7	13	19	25	31	37

Les nombres par ordre de propriété particulière.

40. — Tous les nombres obéissent à une loi générale, ils dépendent tous de l'unité. Mais à côté de cette loi générale, il y a pour chacun d'eux une loi particulière qui les régit, une propriété spéciale qui les distingue.

Pour connaître les propriétés particulières à chaque nombre, il nous faudrait la science de l'infini.

Cette science, les hommes ne l'auront jamais; les plus savants en cette matière sont ceux qui ignorent le moins. Nous allons donc nous borner à quelques remarques.

I.

Les nombres parfaits.

41. — Les Anciens, comme nous l'apprend saint Augustin dans son *Traité sur la Genèse* (ch. VI, *de Senario numero*), divisaient relativement à leur somme absolue, les nombres en 3 classes : en nombres superflus, défectifs et parfaits.

Le nombre superflu est celui dont la somme des multiples donne plus que le nombre lui-même, comme 12 qui divisé par 12 donne 1

	par 2	6
	par 3	4
	par 4	3
	par 6	2
	Total	16

Le nombre défectif au contraire est celui dont les parties aliquotes donnent moins que le nombre, comme 8, par exemple qui divisé par 8 donne 1

comme 8, par exemple qui divisé par 8 donne	1
par 2	4
par 4	2
Total	7

Le nombre parfait est celui dont les parties aliquotes sont égales à la valeur absolue de ce nombre. 6 est le 1er de ces nombres ;

car 6 divisé par 6 donne	1
par 2	3
par 3	2
Total	6

Le 1er nombre parfait est	6
Le 2e	28
Le 3e	496
Le 4e	8.128
Le 5e	130.816
Le 6e	2.096.128 ~~209.628~~
Le 7e	134.209.436

Pour obtenir des nombres parfaits, Ozanam indique le moyen suivant :

On se sert de la progression double, en prenant le nombre 2 pour point de départ.

Du 2e terme de la progression, on retranche l'unité et ce nombre diminué d'une unité se multiplie par le terme précédent. Le produit donne un nombre parfait.

Exemple :

2. 4	4. 8	16 32
$2 \times 3 = 6$	$4 \times 7 = 28$	$16 \times 31 = 496$

64. 128	256. 512
$64 \times 127 = 8.128$	$256 \times 511 = 130.816$

1024. 2048	8192. 16384
$1024 \times 2047 = 2.096.128$	$8192 \times 16383 = 134.209.536.$

On remarquera en outre que les nombres parfaits sont en même temps triangulaires et hexagonaux et que leur désinence est alternativement 6 et 8.

II.

Les nombres retournés.

42. Tranches paires. — 1° Tout nombre qui se compose de 2, 4, 6, 8, 10, 12, 100 chiffres, c'est-à-dire d'un nombre pair de chiffres, étant retourné et additionné donne un multiple de 11 ; et la différence entre les nombres retournés est toujours un multiple de 9.

Exemple :

$$\begin{array}{r} 79 \\ 97 \\ \hline 176 \end{array} \qquad 97 - 79 = 18 \quad \text{multiple de } 9 \qquad \frac{176}{11} = 16$$

$$\begin{array}{r} 4732 \\ 2374 \\ \hline 7106 \end{array} \qquad 4732 - 2374 = 2358 \quad \text{multiple de } 9 \qquad \frac{7106}{11} = 646.$$

Pourquoi cela ?

On sait qu'un nombre composé de 2 chiffres de même figure est divisible par 11. Ainsi :

$$\begin{array}{l} 11 \leqslant 11 = 1 \\ 22 \leqslant 11 = 2 \\ 33 \leqslant 11 = 3 \\ 44 \leqslant 11 = 4 \\ 55 \leqslant 11 = 5 \\ 66 \leqslant 11 = 6 \\ 77 \leqslant 11 = 7 \\ 88 \leqslant 11 = 8 \\ 99 \leqslant 11 = 9 \end{array}$$

Or, par la réduction de la somme absolue des nombres à leur plus simple expression, on ramène un nombre de 2, 4, 6, 8, 10, 12, 100 chiffres à un nombre compris depuis 1 jusqu'à 9 inclusivement. Mais, les nombres retournés, nous l'avons vu dans le calcul nonal, ne changent pas de valeur quant à leur somme absolue. Par conséquent la somme de 2 nombres retournés, réduite à sa plus simple expression, équivaut à 2 chiffres de même figure placés l'un à côté de l'autre ; et comme tels, ils deviennent des multiples de 11.

Exemples : 1° De 2 chiffres

27 = 9	17 = 8	34 = 7	25 = 7	31 = 4	12 = 3
72 = 9	71 = 8	43 = 7	52 = 7	13 = 4	21 = 3
99	88	77	77	44	33

2° De 4 chiffres

$$\begin{array}{rl} 2371 & = 13 = 4 \\ 1732 & = 13 = 4 \\ \hline 4103 & < 11 = 373 = 4 \end{array}$$

On voit ici que la somme des 2 nombres retournés équivaut à 2 chiffres de même figure placés l'un à côté de l'autre. La loi ne souffrant aucune exception, elle est donc vraie.

43. Tranches impaires. — 2° Tout nombre qui se compose de 3, 5, 7, 9, 11, 13, 17, etc., chiffres, c'est-à-dire d'un nombre impair de chiffres, étant retourné et additionné ne donne pas un multiple de 11, à moins qu'avant son retournement, il ne soit déjà un multiple de 11. Mais, dans les 2 cas, la différence entre les nombres retournés est toujours un multiple de 9 et de 11 ($9 \times 11 = 99$).

La raison pour laquelle un nombre qui se compose de 3, 5, 7, 9, 11, 13, etc., chiffres, ne donne pas par le retournement un multiple de 11, c'est qu'avec le nombre impair, il y a le chiffre du milieu qui ne change pas, et qui par conséquent rompt l'ordre des séries, et ne permet pas de ramener le nombre à deux chiffres de même figure.

Exemple :

$$\begin{array}{r} 107 \\ 701 \\ \hline 808 \end{array}$$

Nous avons vu que 17 + 71 nous donne 88, somme de 2 chiffres de même figure, par conséquent, un multiple de 11.

Ici 107 + 701 nous donnent bien 2 chiffres de même figure ; mais ces 2 chiffres de même figure sont séparés par 0 ; donc l'ordre des séries est interrompu, et partant 808 n'est pas un multiple de 11.

Nous avons dit que la différence entre 3, 5, 7, 9, 11, 13, 15, etc., chiffres dont l'un n'est que l'autre retourné est constamment un multiple de 9 et de 11, partant de 99, ou un multiple de 99.

En voici la raison.

Tout nombre de 3, 5, 7, 9, 11, etc., chiffres, lorsqu'on supprime celui du milieu qui ne change jamais par le retournement, est ramené à un nombre de 2, 4, 6, 8, etc., chiffres. Or, tout nombre de 2, 4, 6, 8, 10, 12, etc., chiffres étant retourné, donne, comme nous l'avons dit, une somme qui est toujours, ou 11, ou un multiple de 11, et comme différence, 9, ou un multiple de 9.

Dès lors, la différence dans les nombres retournés quand les chiffres sont en nombre impair est égale à

11 × 9, ou à un multiple de 11 multiplié par un multiple de 9.

Des exemples vont éclaircir ce principe.

Prenons d'abord le plus faible nombre de 2 chiffres : 10, et retournons-le. Nous avons :

$$\begin{array}{r} 10 \\ 01 \\ \hline \text{Somme } 11 \end{array} \text{— différence } 9$$

Prenons maintenant le plus faible nombre de 3 chiffres, 100, et opérons le retournement. Nous avons :

$$\begin{array}{r} 100 \\ 001 \\ \hline \text{Somme } 101 \end{array} \text{— différence } 99$$

Or, d'où vient cette différence 99? De la somme 11 multipliée par 9. $11 \times 9 = 99$.

La preuve qu'il en est ainsi, c'est que si dans le nombre 100 nous supprimons le zéro du milieu, nous sommes ramenés à 10 qui retourné et additionné nous donne comme somme 11 et comme différence 9.

Prenons 731. Nous avons :

$$\begin{array}{r} 731 \\ 137 \\ \hline \text{Somme } 868 \end{array} \text{— différence } 594$$

Mais d'où vient la différence 594?

Supprimons un instant le chiffre du milieu de 731, nous restons avec 71.

$$\begin{array}{r} 71 \\ 17 \\ \hline \text{Somme } 88 \end{array} \text{— différence } 54$$

Nous avons comme différence 54, multiple de 9. Multiplions cette différence par 11 nous avons 594. Ce qui revient à dire que 594 ramené à sa plus simple expression donne 9, qui multiplié par 11, dont 88 n'est qu'un multiple, produit 99.

En partant de ce principe que « la différence entre 2 nombres de 3 chiffres dont l'un n'est que l'autre retourné, est toujours 99 ou un multiple de 99 », plusieurs mathématiciens supputent le nombre des combinaisons dont cette différence est susceptible. Ceci nous importe peu. Nous tenions seulement à bien établir la raison mathématique de la différence lorsque le nombre des chiffres est impair.

III.

Les carrés retournés.

44. — Le retournement des chiffres ne convient pas seulement aux nombres, il s'applique également à leurs carrés. Par conséquent :

Tout nombre composé de n'importe combien de chiffres, mais dans certaines conditions que nous allons indiquer, étant élevé au carré avant et après son retournement, donne le même carré retourné.

Pour cela, il est nécessaire qu'en additionnant les produits partiels de la multiplication, on ne trouve pas un nombre au-dessus de 9. Autrement l'ordre des séries serait interrompu, et le retournement ne pourrait avoir lieu. Il faut donc employer des nombres dont le plus haut chiffre soit 3, et même pas toujours.

Exemple :

13 × 13 = 169	12 × 12 = 144
31 × 31 = 961	21 × 21 = 441
102 × 102 = 10,404	103 × 103 = 10,609
201 × 201 = 40,401	301 × 301 = 90,601

1112 × 1112 = 1.236.544	10121 × 10121 = 102.434.6
2111 × 2111 = 4.456.321	12101 × 12101 = 146.434.2

IV.

Du nombre 11.

45. — Tout nombre de 3 chiffres dont la somme absolue est 11 et qui a zéro pour chiffre du milieu est un multiple de 11.

Exemple :

209
308
407
506
605
704
803
902

Tout nombre composé de 3 chiffres, mais dont les deux extrêmes réunis sont égaux en somme au chiffre du milieu est un multiple de 11.

110
121
132
143
154
165
176
187
198

Ces nombres retournés sont également des multiples de 11. Pourquoi? — Parce que les extrêmes additionnés donnant la même somme que le chiffre du milieu, c'est comme si l'on avait un nombre composé de 2 chiffres de même figure, partant divisible par 11.

Tout nombre composé de 3 chiffres qui a 9 pour chiffre du milieu, et 9 pour somme des 2 chiffres extrêmes est un multiple de 11 et de 9, partant de 99.

099	099 = 990	(comme retournement de chiffres)
198	198 = 891	
297	297 = 792	
396	396 = 693	
495	495 = 594	
594	594 = 495	
693	693 = 396	
792	792 = 297	
891	891 = 198	
990	990 = 099	

La raison de cette divisibilité par 11 repose sur les principes établis plus haut ; c'est qu'en faisant la somme des chiffres extrêmes, on est ramené à un nombre de 2 chiffres de même figure, partant divisible par 11.

Un nombre de 3 chiffres qui est un multiple de 11 étant retourné et divisé par 11 donne un quotient retourné.

$\frac{132}{11} = 12 ; \frac{231}{11} = 21$ | $\frac{154}{11} = 14 ; \frac{451}{11} = 41$

2 unités séparées par un nombre pair de zéros donne un nombre exactement divisible par 11.

Si les zéros sont en nombre impair, le nombre n'est plus divisible par 11.

Ceci repose sur une loi que nous expliquerons plus amplement dans le calcul des puissances.

Disons seulement ici que 11 représente la somme des 2 puissances de 1 et de 10.

1	à la 1re puissance	=	1.
10	« «	=	10
11	Total	=	11

Or, la somme de 2 nombres divise exactement les sommes des puissances impaires, et ne divise pas la somme des puissances paires.

1re puis.	2e puis.	3e puis.	4e puis.	5e puis.
1	1	1	1	1
10	100	1000	10000	100000
11	101	1001	10001	100001

En vertu de cette loi, 11 ne divise pas 101, il divise 1001 ; il ne divise pas 10001, il divise 100001.

46. Le nombre 37. — Ce nombre a pour propriété :

1o De diviser exactement tout nombre de 3, 6, 9, 12, 15, 21, etc., chiffres, quand les chiffres qui le composent sont de même figure, comme 222, 333, 444, etc., 222, 222, 222 ; 333, 333, 333, etc.

2o De diviser tout nombre de 6, 12, 18, 24, etc., chiffres de même figure alternée, comme 272727 ; 313131, 414141.

Ces tranches alternées sont d'abord divisibles par 37, puis par 91, composé de 7×13, puis par 3, et enfin par les chiffres alternés, comme 27, 31, 41.

47. Le nombre 1001. — Ce nombre a pour facteurs 7, 11 et 13, puisque $7 \times 11 \times 13 = 1001$.

Il divise tout nombre composé de 5 chiffres ayant un zéro au milieu et de chaque côté une tranche pareille de 2 chiffres, comme 27027.

Il en est de même pour un nombre de 11 chiffres, dont les 4 tranches pareilles sont séparées par un zéro, comme 27027027027.

Il en est encore de même pour un nombre de 12 chiffres composé de 4 tranches pareilles de 3 chiffres comme 331, 331, 331, 331.

Étude sur le triangle.

La connaissance des nombres triangulaires est d'une absolue nécessité pour quiconque désire connaître la marche des nombres et leurs lois. Sans cette connaissance, on est réduit à l'impossibilité de résoudre une quantité de questions très-intéressantes et très-pratiques. Ce que nous allons dire justifiera notre assertion.

Formation pratique des nombres triangulaires.

48. — Nous avons dit que les nombres triangulaires s'obtenaient par l'addition successive des nombres naturels.

Mais tout le monde comprend que c'est là le moyen rudimentaire et que dans la pratique, il faut des moyens abrégés.

Il y a d'abord le moyen indiqué dans le triangle arithmétique.

Il consiste à joindre à un triangle donné le nombre naturel qui suit immédiatement ce nombre triangulaire.

Ainsi, si vous avez le nombre triangulaire 21, dont la base est 6, vous ajouterez à 21 le nombre 7 ; vous aurez 28, nombre triangulaire dont la base est 7.

Ce moyen, comme on le voit, n'est guère plus pratique que le premier.

Le moyen le plus pratique est celui-ci :

Un nombre quelconque étant donné, vous le partagez en 2 moitiés égales, s'il est pair ; vous multipliez ce nombre par sa moitié ; au produit vous ajoutez cette moitié, et vous avez un nombre triangulaire ayant pour base le nombre même que vous avez choisi.

Exemple :

Soit à former le triangle de 16.

Vous partagez 16 en 2 ; la moitié est 8. Vous multipliez 16 par 8 et vous avez $16 \times 8 = 128$; à 128 vous ajoutez 8 et vous avez $128 + 8 = 136$, nombre triangulaire dont la base est 16. Car, tous les nombres additionnés depuis 1 jusqu'à 16 inclusivement donnent comme somme 136. On peut, même en ce cas, se dispenser d'ajouter 8 au produit 128. Il suffit d'ajouter une unité à 16, on a 17 ; on multiplie par 8 et on obtient le même résultat : $17 \times 8 = 136$.

Si le nombre est impair, vous prenez la plus haute moitié du nombre proposé, et vous multipliez ce nombre par cette plus haute moitié.

Soit à former le triangle de 17 :

La plus haute moitié de 17 est 9.

$$17 \times 9 = 153.$$

153 est bien réellement le triangle dont la base est 17, puisque tous les nombres naturels additionnés, depuis 1 jusqu'à 17 inclusivement donnent comme somme 153.

De ceci il ressort qu'il y a des nombres triangulaires à base impaire, et des nombres triangulaires à base paire. Les triangles à base impaire sont ceux qui ont pour facteurs leur base et la plus haute moitié de leur base, comme :

$15 = 3 \times 5$ | $45 = 5 \times 9$
$28 = 4 \times 7$ | $66 = 6 \times 11$ etc.

Les triangles à base paire sont ceux qui ont pour facteurs : 1° leur base augmentée de l'unité, et 2° la moitié de cette base, comme :

$3 = 1 \times 3 =$ base 2
$10 = 2 \times 5 =$ » 4
$21 = 3 \times 7 =$ » 6
$36 = 4 \times 9 =$ » 8
$55 = 5 \times 11 =$ » 10 etc.

De plus, à partir de 3, 1er triangle effectif, sur 3 triangles consécutifs, 2 sont exactement divisibles par 3, et le 3e par $3 + 1$.

D'où cette autre loi :

49. — Tout nombre triangulaire, multiplié par $9 + 1$ donne naissance à un nouveau nombre triangulaire ayant pour base le triple $+ 1$, de la base du triangle par lequel on a multiplié :

$1 \times 9 + 1 = 10$
$3 \times 9 + 1 = 28$
$6 \times 9 + 1 = 55$
$10 \times 9 + 1 = 91.$

50. — Manière pratique de reconnaître si un nombre est triangulaire.

Dans tous les traités de mathématiques supérieures on indique le moyen suivant :

Un nombre étant donné, pour s'assurer s'il est

triangulaire, on le multiplie par 8, et on ajoute l'unité au produit qui devient alors un carré parfait, et un carré impair, si le nombre est triangulaire. De ce carré on extrait la racine. On prend la plus faible moitié de cette racine, et on a ainsi la base triangulaire du nombre proposé.

Soit à s'assurer si le nombre 78 est triangulaire.

On procède ainsi :

$$78 \times 8 = 624 + 1 = 625 \quad \sqrt[2]{\begin{array}{r|l} 625 & 25 \\ 225 & \overline{45 \times 5} = 225 \\ 0 & \end{array}}$$

La plus faible moitié de 25 est 12, base du triangle 78.

51. — Mais nous avons trouvé un moyen plus simple. Nous basant sur ce principe que nous établirons dans le courant de cette étude, à savoir que la somme de 2 nombres triangulaires consécutifs forme un carré parfait, nous multiplions par 2 ; du produit nous extrayons la racine carrée, et nous obtenons au quotient de la racine, et comme reste, la base triangulaire du nombre proposé.

Soit à nous assurer comme ci-dessus, si le nombre 78 est triangulaire ; nous opérons comme il suit :

$$78 \times 2 = 156 \quad \sqrt[2]{\begin{array}{r|l} 156 & 12 \\ 56 & \overline{22 \times 2} = 44 \\ 12 & \end{array}}$$

On voit que notre procédé est plus simple et plus rapide.

Marche périodique et désinencielle des nombres triangulaires.

52. — Les nombres triangulaires ont 6 désinences, 1, 3, 5, 6, 8 et 0. Leur évolution périodique générale est de 20 en 20 nombres, comme on peut s'en assurer par le petit tableau suivant :

Bases.	Triangles.	Bases.	Triangles.
1	1	21	231
2	3	22	253
3	6	23	276
4	10	24	300
5	15	25	325
6	21	26	351
7	28	27	378
8	36	28	406
9	45	29	435
10	55	30	465
11	66	31	496
12	78	32	528
13	91	33	561
14	105	34	595
15	120	35	630
16	136	36	666
17	153	37	703
18	171	38	741
19	190	39	780
20	210	40	820

On voit d'après ce tableau, qu'à partir de l'unité, on trouve constamment une alternance de 2 triangles impairs et de 2 triangles pairs.

De plus, chacune des 6 désinences a sa marche particulière. La désinence 1 compte 4 triangles séparés les uns des autres par les différences périodiques de 5, 7, 5, 3.

Exemples :

		Bases.	Triangles.
		1	1
Différence	5		
		6	21
Différence	7		
		13	91

	Bases.	Triangles.
Différence	5	
	18	171
Différence	3	
	21	231
Différence	5	
	26	351
Différence	7	
	33	561
Différence	5	
	38	741
Différence	3	
	41	861

La désinence 3 compte 2 triangles dont la périodicité comme différence entre eux est 15 et 5.

La désinence 6 compte 4 triangles dont la périodicité comme différence entre eux est : 5, 3, 5, 7.

La désinence de 0 compte 4 triangles dont la périodicité comme différence entre eux est 11, 4, 1, 4.

La désinence de 5 compte 4 triangles dont la périodicité comme différence entre eux est 4, 1, 4, 11.

La désinence de 8, comme celle de 3, ne compte que 2 triangles dont la périodicité comme différence entre eux est 5 et 15.

Ainsi, sur 6 désinences triangulaires, 4 accomplissent leur évolution en 4 mouvements périodiques : ce sont les désinences 1, 6, 10 et 5; et les 2 autres accomplissent leur évolution en 2 mouvements périodiques, ce sont celles de 3 et de 8.

Le triangle numérique.

53. Ses éléments constitutifs. — Tout nombre triangulaire, à partir de 3, 1er triangle effectif, contient :

1° 2 triangles égaux.

2° 1 carré parfait.

Si le nombre triangulaire a une base impaire, les 2 triangles égaux qu'il renferme ont pour base chacun la plus faible moitié de cette base, et le carré a pour racine la plus haute moitié de la base totale. Et cela peut se démontrer graphiquement.

Soit le nombre triangulaire 15, dont la base est 5, le nombre se représente graphiquement comme il suit :

Mais ce triangle peut se décomposer de plusieurs manières.

1°

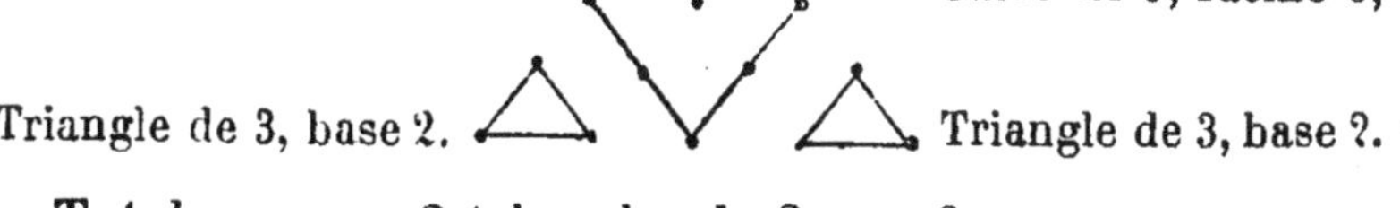

Total : 2 triangles de 3 = 6
1 carré de 9 = 9
15

Ou bien encore :

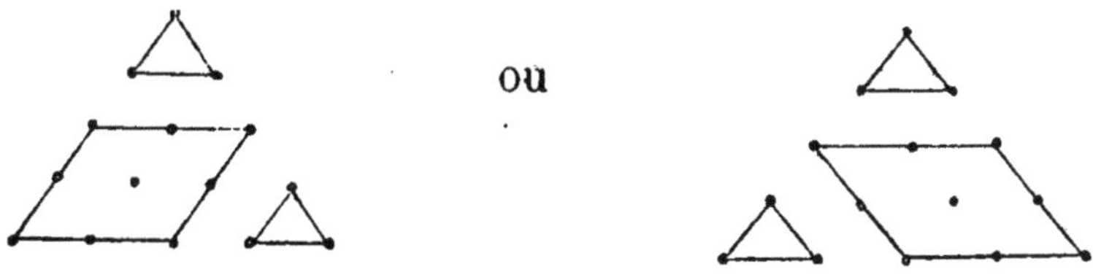

Si le nombre triangulaire a une base paire, comme

10, base 4, les 2 triangles égaux qu'il renferme ont pour base chacun la moitié de cette base, et le carré a pour racine l'autre moitié de cette base, et il se décompose ainsi graphiquement :

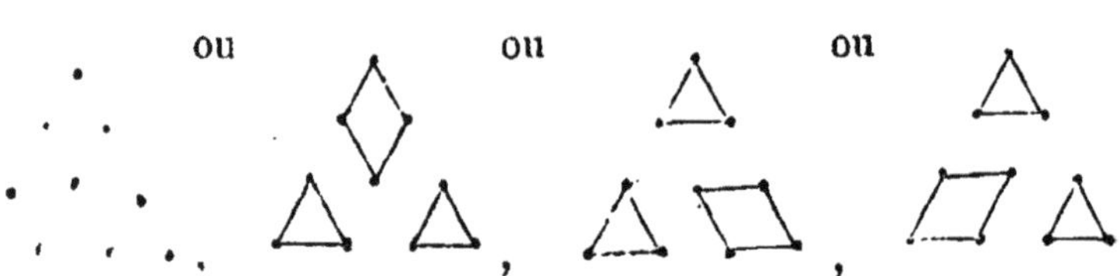

Le triangle appliqué aux puissances.

LE TRIANGLE DE LA 1re PUISSANCE.

54. — 1° Les produits de 2 nombres consécutifs, ou progression pythagoricienne, 2, 6, 12, 20, 30, 42, 56, 72, etc., divisés par 2, donnent la série des nombres triangulaires, ainsi que nous l'avons vu dans la formation du triangle arithmétique.

$$
\begin{array}{r}
2 \leqslant 2 = 1 \\
6 \leqslant 2 = 3 \\
12 \leqslant 2 = 6 \\
20 \leqslant 2 = 10 \\
30 \leqslant 2 = 15 \text{ etc.}
\end{array}
$$

55. — 2° Les produits de 2 nombres pairs consécutifs divisés par 8 donnent la série des nombres triangulaires ainsi que nous l'avons vu dans la formation du triangle arithmétique.

$$
\begin{array}{rl}
2 \times 4 = 8 ; & 8 \leqslant 8 = 1 \\
4 \times 6 = 24 ; & 24 \leqslant 8 = 3 \\
6 \times 8 = 48 ; & 48 \leqslant 8 = 6 \\
8 \times 10 = 80 ; & 80 \leqslant 8 = 10 \\
10 \times 12 = 120 ; & 120 \leqslant 8 = 15 \text{ etc.}
\end{array}
$$

56. — 3° La somme de 2 nombres consécutifs successivement multipliée par chacun de ces 2 nombres donne 2 triangles consécutifs. Le plus faible triangle a pour base le double du plus faible de ces 2 nombres ; et le plus fort a pour base la somme même de ces 2 nombres.

$$\begin{array}{c} 2 \\ 3 \\ \hline 5 \end{array} = \left.\begin{array}{l} 1^{o}\ 2 \times 5 = 10\ \Delta,\ \text{base } 4 \\ 2^{o}\ 3 \times 5 = 15\ \Delta,\ \text{base } 5 \end{array}\right\} 10 + 15 = 25$$

57. — En outre, la somme de ces 2 triangles forme un carré parfait, et un carré impair ayant pour racine la somme des 2 nombres. Ce qui prouve que 2 triangles consécutifs forment un carré parfait.

$$\begin{array}{c} 1 \\ 2 \\ \hline 3 \end{array} \left\{\begin{array}{l} 1 \times 3 = 3 \\ 2 \times 3 = 6 \end{array}\right. \quad 3 + 6 = 9,\ \text{carré, racine } 3$$

$$\begin{array}{c} 2 \\ 3 \\ \hline 5 \end{array} \left\{\begin{array}{l} 2 \times 5 = 10 \\ 3 \times 5 = 15 \end{array}\right. \quad 10 + 15 = 25,\ \text{carré, racine } 5$$

58. — 4° 2 progressions pythagoriciennes consécutives, comme 2 et 6, 6 et 12, 12 et 20, etc., prises comme bases triangulaires donnent 2 triangles dont la somme augmentée de l'unité forme un carré.

Ces carrés ainsi formés donnent entre leurs racines une progression qui est celle des nombres impairs, à partir de 5.

$$\begin{array}{rr} 2\ \Delta & 3 \\ 6\ \Delta & 21 \\ \hline & 24 + 1 = 25,\ \text{racine } 5 \end{array}$$

Différence 5

$$\begin{array}{rr} 6\ \Delta & 21 \\ 12\ \Delta & 78 \\ \hline & 99 + 1 = 100,\ \text{racine } 10 \end{array}$$

12 Δ 78 Différence 7
20 Δ 210
288 + 1 = 289, racine 17

---

20 Δ 210 Différence 9
30 Δ 465
675 + 1 = 676, racine 26, etc.

LE TRIANGLE ET LA 2e PUISSANCE.

59. Éléments contenus dans le carré numérique. — Tout carré numérique est la somme de 2 triangles consécutifs; et cela se démontre graphiquement.

Soit le carré 25, racine 5. Graphiquement nous avons :

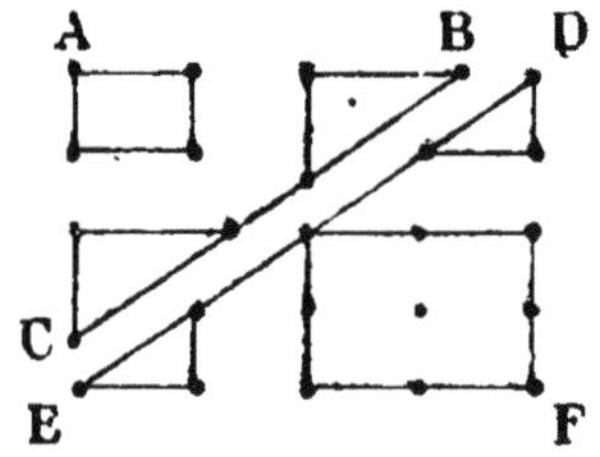

Ce carré, comme on le voit, contient un 1er triangle dont la base est 4. A.B.C, et le triangle suivant dont la base est 5, D,E.F.

D'autre part, comme un triangle renferme 2 triangles égaux et un carré, on peut dire que dans tout carré, il y a 4 triangles et 2 carrés. Sans sortir du carré 25, nous avons dans le 1er triangle de 10, base 4 :

1° 2 triangles de 3 . . .	$3 \times 2 =$	6
2° 1 carré de 4	$=$	4
		10

Dans le triangle de 15, base 5, nous avons :

2 triangles de 3 . . .	$3 \times 2 =$	6
1 carré de 9	$=$	9
		15

Ici, nos 4 triangles sont B. D. C. E et nos 2 carrés A et F.

60. — 2° Un carré doublé, plus sa racine, forme un triangle ayant pour base le double de sa racine.

Carré de 1, racine 1.

1 + 1 = 2 + 1, (1 racine du carré 1) = 3, triangle dont la base est 2, double de la racine 1.

Carré de 4. 4 + 4 = 8 + 2, racine de 4 = 10; 10, triangle dont la base est 4, double de la racine 2.

Carré de 21. 441 + 441 + 21 = 903, triangle dont la base est 42, double de la racine 21.

Cette loi s'applique non-seulement à la 2° puissance, mais à toutes les puissances dont l'exposant est pair, parce qu'elles sont en réalité le carré d'une puissance impaire dont l'exposant est la moitié de l'exposant pair.

Ainsi, par exemple, le nombre 46,656 est la 6° puissance de 6. En réalité, c'est le carré de 216, 3° puissance de 6.

Par conséquent 46,656 + 46,656 + 216 = 93,528, triangle dont la base est 432, double de 216, racine carrée de 46,656.

61. — 3° Tout nombre triangulaire multiplié par 4 + 1 donne la somme de 2 carrés consécutifs.

$1 \times 4 + 1 = 5$ somme des carrés 1 et 4
$3 \times 4 + 1 = 13$ » » 4 et 9
$6 \times 4 + 1 = 25$ » » 9 et 16
$10 \times 4 + 1 = 41$ » » 16 et 25, etc.

Dès lors, si l'on nous dit : la somme de 2 carrés consécutifs est 113, quels sont les 2 racines? Vous divisez la somme donnée par 4; vous avez au quotient un nombre triangulaire, et comme reste l'unité.

Le nombre triangulaire obtenu au quotient a pour base la racine du plus faible carré; et comme les nombres sont consécutifs, le nombre suivant sera la racine du plus fort des 2 carrés.

Ici, en divisant 113 par 4, nous avons au quotient 28, triangle dont la base est 7; donc la racine du plus fort carré sera 8. Et en effet :

$$\begin{array}{r} 7 \times 7 = 49 \\ 8 \times 8 = 64 \\ \hline \text{Total} = 113 \end{array}$$

62. — 3° Le produit de 2 nombres consécutifs multiplié par la somme de leurs carrés forme un triangle ayant pour base le double du produit de ces 2 nombres.

$$\begin{array}{lrl} 2. & 1 \times 1 = 1 & \\ & 2 \times 2 = 4 & 2 \times 5 = 10, \text{ triangle, base } 4 \\ & \overline{5} & \end{array}$$

$$\begin{array}{lrl} 6. & 2 \times 2 = 4 & \\ & 3 \times 3 = 9 & \\ & \overline{13} & \times 6 = 78, \text{ triangle, base } 12 \end{array}$$

Dès lors si l'on vous dit : Étant donné le nombre triangulaire 820, déterminer la somme de 2 carrés consécutifs.

Pour résoudre cette question, vous commencez par chercher la base du triangle 820.

Opérant comme nous l'avons dit plus haut, vous doublez 820 = 1640. Vous extrayez la racine carrée de 1640.

$$\sqrt[2]{1640} \quad \begin{array}{r|l} 1640 & 40 \\ 040 & 8 \\ \text{reste } 40 & \end{array}$$

40 est le double de la base du triangle ; donc cette base est 20, et 20 est le produit de 2 nombres consécutifs.

63. — Que si vous étiez embarrassé pour trouver ces 2 nombres, vous ajouteriez l'unité à 20. Soit 20 + 1 = 21.

De 21, vous extrayez la racine carrée. Vous obtenez au quotient le plus faible nombre et comme reste le plus fort.

$$\sqrt[2]{21} \quad \begin{array}{r|l} 21 & 4 \\ 5 & \end{array}$$

Les 2 nombres étant 4 et 5, vous les élevez au carré, vous avez :

$$\begin{array}{rl} 4 \times 4 & = 16 \\ 5 \times 5 & = 25 \\ \text{Total} & = \overline{41}, \text{ somme des carrés} \end{array}$$

Alors multipliant 41 par le produit de 4 et de 5 = 20, vous retrouvez votre triangle 820.

64. — 4° Comme corollaire de ce principe, nous ajoutons :

La plus faible moitié de la somme de 2 carrés consécutifs est le produit des racines de ces 2 carrés.

Dès lors, si l'on nous dit : la somme de 2 carrés consécutifs est 365 ; quels sont ces 2 carrés et leurs racines ?

Nous divisons par 2; nous avons 182, plus faible

moitié de 365. 182 est le produit des racines des 2 carrés.

Pour savoir quelles sont ces 2 racines, nous agissons comme il a été dit plus haut (nº 63); nous ajoutons l'unité à 182, nous avons 183, dont nous extrayons la racine carrée.

$$\sqrt{183}\quad \begin{array}{r|l} 183 & 13 \\ 83 & 23 \times 3 = 69 \\ 14 & \end{array}$$

13 et 14 sont donc les racines demandées, puisque d' une part $13 \times 14 = 182$, et que d'autre part

$$\begin{array}{ll} 13 \times 13 = & 169 \\ 14 \times 14 = & 196 \\ \text{Total} \quad = & 365, \text{ somme des carrés} \end{array}$$

LE TRIANGLE ET LA 3me PUISSANCE

Éléments contenus dans le cube numérique

65. — 1° Dans un cube numérique, il y a :

1° Un triangle relativement faible et un carré relativement fort, ou réciproquement un triangle relativement fort, et un carré relativement faible.

2° Le cube du nombre précédent.

Soit le cube de 2 qui est 8 :

Nous avons : 1°	2°
1° 3 triangle faible	1° 6 triangle fort
2° 4 carré fort	2° 1 carré faible
3° 1 cube de l'unité	3° 1 cube de l'unité
8	8

Soit le cube de 3 qui est 27 :

Nous avons : 1°	2°
1° 10 triangle faible	1° 15 triangle fort
2° 9 carré fort	2° 4 carré faible
3° 8 cube de 2	3° 8 cube de 2
27	27

Dans le 1er cas, le triangle faible a pour base le double de la racine du cube précédent et le carré fort a pour racine, la racine même du cube à former.

Ainsi :

	Carrés				
1	1	Différence 3	$1 \times 3 =$	3	triangle faible
2	4		$2 \times 2 =$	4	carré fort
			+	1	cube de 1
				8	
2	4	Différence 5	$2 \times 5 =$	10	triangle faible
3	9		$3 \times 3 =$	9	carré fort
			+	8	cube de 2
				27.	

Dans le 2e cas, le triangle fort a pour base la somme des 2 nombres et le carré faible a pour racine le nombre précédent.

Ainsi :

1	1	Différence 3	$2 \times 3 =$	6	triangle fort
2	4		$1 \times 1 =$	1	carré faible
			+	1	cube de 1
				8	
2	4	Différence 5	$3 \times 5 =$	15.	triangle fort
3	9		$2 \times 2 =$	4	carré faible
			+	8	cube de 2
				27	

Ceci nous donne la loi qui régit la différence entre 2 cubes consécutifs. Ainsi dans une différence entre 2 cubes consécutifs, il y a, ou un triangle faible et un carré fort ; ou un triangle fort et un carré faible. On peut également dire que dans la différence entre 2 cubes consécutifs, il y a 2 petits triangles égaux et 2 carrés inégaux. Chaque triangle est la moitié du produit des 2 nombres, et les deux carrés ont pour racine, l'un le plus faible, l'autre le plus fort des 2 nombres.

19 = 2 fois	∆	3 =	6
1 carré		4 =	4
1 carré		9 =	9
Total		=	19

66. — Tout nombre triangulaire multiplié par 6 (6 est ici considéré comme progression des cubes) et au produit duquel on ajoute l'unité, donne la différence entre 2 cubes consécutifs. Le premier de ces cubes a pour racine la base du triangle par lequel 6 a été multiplié. Le deuxième cube a pour racine la base du triangle immédiatement suivant, puisque les racines ne diffèrent que d'une unité.

Exemples :

$1 \times 6 + 1 = 7$	diff. entre les cubes	1 et 8
$3 \times 6 + 1 = 19$		8 et 27
$6 \times 6 + 1 = 37$		27 et 64
$10 \times 6 + 1 = 61$		64 et 125
$15 \times 6 + 1 = 91$		125 et 216

Dès lors, une différence entre 2 cubes consécutifs étant donnée, il suffit de la diviser par 6. Le quotient obtenu est un triangle ayant pour base la racine du premier cube.

Soit le problème suivant :

La différence entre 2 cubes consécutifs est 547. Quels sont ces cubes et leurs racines?

$$547 \mid 6 \quad 1 \mid 91 \qquad 91 \text{ est le triangle de } 13.$$

Donc les nombres sont 13 et 14, et leurs cubes 2197 et 2744 dont la différence exacte est 547.

67. — La différence entre les cubes consécutifs jouit encore de cette propriété.

Tout nombre triangulaire multiplié par la différence correspondante entre les cubes donne un produit qui contient un triangle et un carré. Le triangle a pour base le double de la base du triangle par lequel on a multiplié, et le carré a pour racine le double de la base de ce triangle par lequel on a multiplié.

Exemples :

1× 7= 7. 7= 3△base 2+ 4, carré, racine 2
3×19= 57. 57= 21△base 6+ 36, carré, racine 6
6×37=222. 222= 78△base 12+144, carré, racine 12
10×61=610. 610=210△base 20+400, carré, racine 20

68. — Mais un cube peut se décomposer d'une autre manière. Nous allons le démontrer par la loi des nombres mis en rapport différentiel et proportionnel.

Nous entendons par mise en rapport différentiel et proportionnel 2 nombres reliés entre eux par leur différence et multipliés par cette différence qui leur est commune.

Soit les 2 nombres 3 et 7.

Nous les mettons ainsi en rapport.

Différ. 4	3 × 4 = 12 7 × 4 = 28	3 × 3 = 9 7 × 7 = 49 Différ. 40
Différ. 4 × somme 10	= 40	

Puis élevant chacun de ces nombres au carré, nous trouvons que la somme des 2 nombres multipliés par leur différence est la même que la différence entre leurs carrés.

Nous ne faisons ici que constater une loi parfaitement connue des Algébristes. Nous en tirerons des conséquences d'application dans notre seconde partie quand nous étudierons les lois du calcul par la différence.

69. Loi importante. — Mais ce à quoi on n'a pas fait attention, c'est à la propriété toute particulière dont jouissent les nombres triangulaires consécutifs mis en rapport différentiel et proportionnel.

Ils ont pour propriété :

1° De nous démontrer qu'un cube quelconque se compose de plusieurs triangles égaux faibles et de plusieurs triangles égaux forts et en même quantité : Ce nombre de triangles est égal au nombre d'unités contenues dans la racine du cube.

2° Que la somme du triangle faible et du triangle fort donne un carré.

3° Que le triangle faible et le triangle fort élevés au carré donnent pour somme un nombre triangulaire ayant pour base le carré formé par la somme des 2 triangles.

4° Que la différence entre les 2 carrés est un cube ayant pour racine la différence entre les 2 triangles consécutifs sur lesquels on opère.

Exemples :

Différ. 2	Δ	$1 \times 2 = 2$	$1 \times 1 = 1$	Différ. 8
	Δ	$3 \times 2 = 6$	$3 \times 3 = 9$	
		$4 \qquad 8$	10	

Ici nous voyons que la racine du cube 8 est 2.

Dans ce cube nous avons donc :

1°	2 Δ de 1 =	2
2°	2 Δ de 3 =	6
		8

La somme des 2 triangles 1 et 3 donne le carré 4 base du triangle 10, somme des carrés des triangles consécutifs 1 et 3 ; la différence entre les carrés est 8, cube de 2.

En vertu de cette loi, on peut donc poser des questions très-intéressantes de la nature de celle-ci :

Étant donné le nombre triangulaire 666, trouver un cube qui soit la différence entre 2 carrés.

Pour résoudre cette question, vous cherchez d'abord quelle est la base de votre triangle, vous trouvez que c'est 36. Mais 36 est un carré dont la racine est 6.

Alors vous faites le triangle de 6 — 1 ou de 5 et celui de 6.

Vous avez donc 15 et 21.

Vous mettez ces 2 triangles consécutifs en rapport différentiel et proportionnel, et vous avez :

Différ. 6	15 × 6 =	90	15 × 15 = 225	Différ. 216
	21 × 6 =	126	21 × 21 = 441	
	36	216	666	

Ici, comme on le voit, le cube est 216, racine 6, et ce cube se compose de 6 triangles de 15 et de 6 triangles de 21.

70. Autre loi importante. — Toutes les puissances relèvent du triangle et du carré. Ce que nous venons de dire nous permet d'établir ce principe général qui ne souffre aucune exception, à savoir :

Toutes les puissances d'un nombre quelconque relèvent du triangle et du carré ;

Toutes les puissances impaires, du triangle;

Toutes les puissances paires, du carré.

En sorte qu'il n'y a en réalité, au point de vue de la formation des puissances d'un nombre, que 2 éléments de composition, le triangle, pour les puissances impaires, et le carré, pour les puissances paires.

C'est ce que nous allons démontrer par la mise en rapport différentiel et proportionnel du triangle précédent avec le triangle suivant.

Soit, par exemple, à montrer que les puissances impaires de 5 relèvent du triangle, et les puissances paires du carré. Nous procédons ainsi :

Nous mettons en rapport le triangle de 4 qui est 10, et le triangle de 5 qui est 15. Nous avons :

Dif. 5					
	10×5=	50×5=	250×5=	1250×5=	6250
	15×5=	75×5=	375×5=	1875×5=	9375 etc.
	25	125	625	3125	15625
	Carré	Cube	4e puissance	5e puissance	6e puissance

Nous voyons ici :

1o Que le carré 25 se compose de 2 triangles consécutifs : $10 + 15 = 25$;

2o Que le cube 125 est égal à 5 fois le triangle de $10 = 50$; plus 5 fois le triangle de $15 = 75$. Total 125.

3o Que 625, 4me puissance de 5 est le carré de 25 ; Ce carré 625 équivaut d'une part à 25 fois le triangle de 10 et à 25 fois le triangle de 15 ; d'autre part, ce même carré 625 équivaut aux 2 triangles consécutifs de $24 = 300$ et de $25 = 325$, total $= 625$.

4o que 3,125, 5me puissance de 5 équivaut à 125 fois le triangle de 10 et à 125 fois le triangle de 15.

5o Que 15,625, 6me puissance de 5 est le carré de

125 d'une part, équivalant à 625 fois le triangle de 10 et à 625 fois le triangle de 15; et d'autre part équivalant aux 2 triangles consécutifs de 124 = 7 750 et 125 = 7875, total 15,625.

Mais tout ceci peut se représenter graphiquement par des points, chaque point valant une unité.

Si vous avez à représenter graphiquement les puissances paires, le carré, le double carré, la 6e, la 8e puissance d'un nombre, vous disposez vos points en carré parfait.

En partageant votre carré en diagonale, et en moitiés différant entre elles d'une unité, vous avez 2 triangles consécutifs.

Exemple :

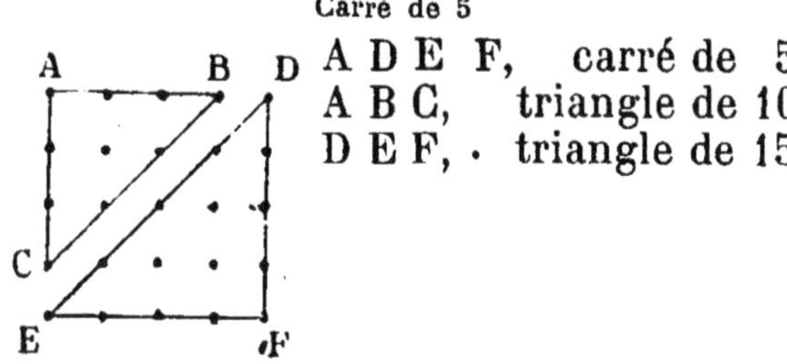

Si vous avez à représenter graphiquement les puissances impaires d'un nombre, vous disposez vos points en rectangle.

Exemple : 3e puissance de 5 = 125.

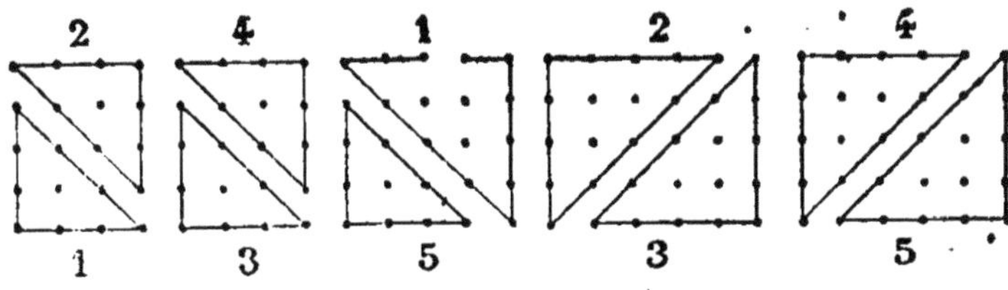

Nous avons ici, comme on le voit :

5 triangles de 10 = 50
5 triangles de 15 = 75
Total 125

Si nous voulions reproduire graphiquement la 4e puissance de 5, nous disposerions en carré 25 × 25 = 625. En décomposant ce carré en 2 triangles consécutifs nous aurions le triangle de 24 = 300, et le triangle de 25 = 325. Total 625.

Si nous voulions reproduire graphiquement la 5me puissance de 5, nous disposerions en rectangle le nombre 3125, c'est-à-dire que nous mettrions 5 sur 625 c'est-à-dire 5 rangées de 625. Ces 5 rangées de 625 nous donneraient 125 triangles de 10 et 125 triangles de 15.

Enfin, si nous voulions reproduire graphiquement la 6e puissance de 5 = 15625, nous disposerions en carré, 125 × 125 = 15625. En décomposant ce carré en 2 triangles consécutifs, nous aurions le triangle de 124 = 7750, et le triangle
de 125 = 7875
Total 15625, carré de 125.

Mais continuons notre application du triangle à la 3me puissance.

71. — Deux cubes consécutifs multipliés inversement par leurs racines donnent deux produits qui, additionnés, forment un nombre triangulaire, et ce nombre triangulaire a pour base le double du produit de leurs racines.

Soit les 2 nombres consécutifs 2 et 3.

Le cube de 2 est 8 ;

Celui de 3 est 27.

D'où l'opération suivante :

$$\begin{aligned} 2 \times 27 &= 54 \\ 3 \times \ 8 &= 24 \\ \text{Total} &= \overline{78} \end{aligned}$$

78, triangle dont la base est 12, double du produit $2 \times 3 = 6$.

Remarquons que ceci revient, sous une autre forme, à la loi signalée au n° 62, à savoir que le produit de 2 nombres consécutifs multiplié par la somme de leurs carrés forme un triangle ayant pour base le double du produit de ces 2 nombres.

$$\begin{aligned} 2 \times 2 &= \ \ 4 \\ 3 \times 3 &= \ \ 9 \\ & \overline{13} \times 6 = 78. \end{aligned}$$

72. — Le produit de 2 nombres consécutifs (ou progression pythagoricienne) mis en rapport différentiel et proportionnel avec la différence entre leurs cubes donne 2 produits dont la somme forme un triangle. Ce triangle a pour base un carré formé par le produit des 2 nombres consécutifs ajouté à la différence entre leurs cubes.

Soit les 2 nombres 2 et 3.

Leur produit est 6. Car $2 \times 3 = 6$.

La différence entre leurs cubes est 19.

6 et 19 mis en rapport différentiel et proportionnel nous donnent l'opération suivante :

$$\text{Diff. } 13 \left\{ \begin{aligned} 6 \times 13 &= \ \ 78 \\ 19 \times 13 &= 247 \end{aligned} \right. \quad \left| \quad \begin{aligned} 6 \times \ \ 6 &= \ \ 36 \\ 19 \times 19 &= 361 \end{aligned} \right. \text{ Diff. } 325$$

$$13 \times \overline{25} = \overline{325}$$

On remarquera ici :

1° Que la différence entre les 2 termes de la proportion 6 et 19 est égale à la somme des carrés des 2 nombres, c'est-à-dire, à 13, puisque

$$2 \times 2 = 4$$
$$3 \times 3 = 9$$
$$\text{Total} = 13$$

2° Que la somme des 2 termes 6 et 19 forme un carré, $6 + 19 = 25$; et que ce carré a pour racine la somme des 2 nombres 2 et 3, $= 5$.

3° Que le 1er terme 6, multiplié par la différence 13, forme un triangle : $6 \times 13 = 78$.

4° Que dans le produit de la différence par le 2e terme $13 \times 19 = 247$, il y a :

1° Un triangle ayant pour base ce 2e terme, c'est-à-dire 190, puisque le triangle de 19 est 190 ;

2° Ce 2e terme multiplié par le triangle ayant pour base le 1er des 2 nombres consécutifs.

Ici, le 1er des 2 nombres consécutifs est 2. Le triangle de 2 est 3.

Voilà pourquoi dans 247 nous avons :

D'une part, le triangle de $19 = 190$ et d'autre part 3 fois 19, ou ce qui revient au même, 19 fois le triangle de $3 = 57$; $190 + 57 = 247$.

73. — Dès lors, sachant que la différence entre 2 cubes consécutifs divisée par 3 donne le produit des racines de ces cubes, nous pouvons poser et résoudre sans peine des problèmes de la nature suivante :

Étant donné le nombre 37, différence entre 2 cubes consécutifs, trouver un nombre triangulaire qui soit la différence entre 2 carrés.

Pour résoudre ce problème, nous opérons comme il suit :

$37 \leqslant 3 = 12$, reste 1.

Dif. 25	$12 \times 25 = 300$	$12 \times 12 = 144$	Dif. $= 1225$
	$37 \times 25 = 925$	$37 \times 37 = 1369$	
	$25 \times 49 = 1225$		

Nous trouvons que le nombre triangulaire est 1,225 et que les 2 carrés sont 144 et 1,369.

74. — Tout nombre triangulaire multiplié par 6 + 1 donne la différence entre 2 cubes consécutifs.

$$1 \times 6 + 1 = 7$$
$$3 \times 6 + 1 = 19$$
$$6 \times 6 + 1 = 37$$
$$10 \times 6 + 1 = 61 \text{ etc.}$$

Dès lors une différence entre 2 cubes consécutifs étant donnée, il suffit pour trouver ces cubes, de diviser cette différence par 6. Le quotient donne le triangle ayant pour base le 1er nombre, puis l'unité pour reste, ce qui donne le 2me nombre.

Exemple :

La différence entre 2 cubes consécutifs est 217. Quels sont ces cubes? quelles sont leurs racines?

217	6
37	36
1	

36 triangle, base 8. Donc la 2e racine est 9.

Les cubes sont donc $8^3 = 512$, $9^3 = 729$ Différence $= 217$

Voyez no 66.

75. — Un nombre triangulaire ayant pour base la différence entre 2 cubes consécutifs peut se décomposer en un triangle et en un carré. Le triangle a pour base le produit des 2 nombres consécutifs, ou progression pythagoricienne, et le carré a pour racine la somme des 2 carrés consécutifs correspondants.

Exemple :

Différence des oubes.	Triangles.	Carrés.	Triangles.
7 = 2 + 5	Δ de 2 = 3	carré de 5 = 25	total 28
19 = 6 + 13	Δ de 6 = 21	carré de 13 = 169	190
37 = 12 + 25	Δ de 12 = 78	carré de 25 = 625	703

Ici 28 est le triangle de 7
190 de 19
703 de 37

On peut en vertu de cette loi, poser le problème de la manière suivante :

Étant donné le nombre 217, différence entre 2 cubes consécutifs, former un triangle qui soit la somme d'un triangle et d'un carré.

Pour résoudre la question, nous commençons par diviser par 3 le nombre donné. Le quotient nous donnera la progression pythagoricienne que nous prendrons pour base d'un triangle.

Le nombre 217 diminué de cette progression pythagoricienne nous donnera la somme des carrés. Cette somme nous l'éléverons au carré. Nous additionnerons le triangle et le carré, et nous aurons le triangle de 217.

```
217 | 3          217
  1 |72        −  72
               = 145

 145          73
 145          36
 ---         ---
 725         438
580          219
145         ----
-----       2628   Triangle de 72
21025      21025   Carré    de 145
           -----
           23653   Triangle de 217
```

Le triangle et la somme des cubes consécutifs.

76. — La somme de 2 cubes consécutifs comprend 2 fois le cube précédent et une fois la différence entre le cube précédent et le cube suivant. Ainsi, 91 somme des cubes de 27 et 64, comprend 2 fois le cube 27 et la différence entre 27 et 64.

$$27 + 27 + 37 = 91.$$

Or, nous avons vu que dans une différence entre 2 cubes consécutifs il y a, ou un triangle faible et un carré fort, ou un carré fort et un triangle faible.

Par conséquent dans la somme de 2 cubes consécutifs il y a : ou un triangle faible et un carré fort, plus 2 fois le cube précédent ; ou un triangle fort et un carré faible, plus 2 fois le cube précédent.

77. — Mais nous pouvons décomposer la somme de 2 cubes consécutifs d'une autre manière et dire :

La somme de 2 cubes consécutifs est égale :

1° Au triangle formé par le produit de la plus faible racine par la différence entre les carrés, et ce triangle répété autant de fois que cette faible racine contient d'unités ;

2° Plus au triangle formé par le produit de la plus forte racine par la différence entre les carrés.

Exemple :

1	1	1	$1 \times 3 \times 1 =$	$3 = 1$ triangle de	$3 = 3$
	D. 3				
2	4	8	$2 \times 3 =$	$6 = 1$ triangle de	$6 = 6$
		9		9	9

2 4 8 $2 \times 5 \times 2 = 20 = 2$ Δ de $10 = 20$
D. 5
3 9 27 $3 \times 5 = 15 = 1$ Δ de $15 = 15$
35 35 35

---

3 9 27 $3 \times 7 \times 3 = 63 = 3$ Δ de $21 = 63$
D. 7
4 16 64 $4 \times 7 = 28 = 1$ Δ de $28 = 28$
91 91 91

Ceci n'infirme en rien ce que nous avons dit au nº 70, à savoir qu'un cube se compose de plusieurs triangles égaux faibles et de plusieurs triangles égaux forts; par conséquent que la somme de 2 cubes consécutifs se compose deux fois de plusieurs triangles égaux faibles et deux fois de plusieurs triangles égaux forts.

En procédant d'après la loi du nº 70, nous aurons pour la somme des cubes de 3 et de 4 qui est 91 les décompositions suivantes :

1º cube de $3 = 27$, se décomposant ainsi :

Dif. 3 Δ $3 \times 9 = 3$ Δ de $3 = 9$ } 27
Δ $6 \times 18 = 3$ Δ de $6 = 18$
9 27

2º cube de 64, se décomposant ainsi ;

Dif. 4 Δ $6 = 24 = 4$ Δ de $6 = 24$ } 64
Δ $10 = 40 = 4$ Δ de $10 = 40$
16 64 Total général 91 91

Nous préférons cependant ce mode de décomposition comme étant une loi générale qui convient aux sommes de toutes les puissances, entre nombres soit consécutifs, soit non consécutifs.

LE TRIANGLE ET LA 4e PUISSANCE.

78. — Nous avons dit que la 4e puissance d'un nombre est le carré d'un carré. Ce carré peut donc se décomposer en 2 triangles consécutifs, et se représenter graphiquement comme le carré.

Soit la 4e puissance de $4 = 64$.

64 équivaut au carré de 8. C'est la racine 4 doublée, c'est-à-dire c'est $2 \times 4 = 8$. Nous aurons donc graphiquement.

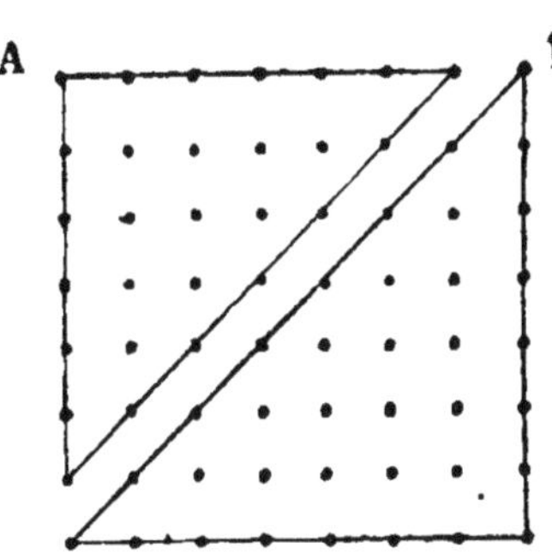

Nous avons donc ici :
Δ A = 28, base 7
Δ B = 36, base 8
Carré = 64. Racine 8

Ceci ressort de ce que nous avons dit en parlant du carré.

79. — Un nombre impair élevé à sa 4e puissance — 1 et divisé par 8 donne un triangle ayant pour base la moitié de son carré — 1.

Exemple :

$$27^4 = 531,441 - 1 = \frac{531,440}{8} = 66,440.$$

$$27^2 = 729. \qquad 729 - 1 = \frac{728}{2} = 364, \text{ base de } 66,430$$

On obtiendra le même résultat en partageant en 2

moitiés inégales le nombre 27 ; en élevant chacune de ces moitiés au carré, et en multipliant la somme de ces 2 carrés par le produit de ces 2 moitiés inégales.

$$27=13+14;\ 13\times14=182\begin{cases}13\times13=169\\14\times14=196\end{cases}$$

$$365\times182=66,430$$

Le produit des 2 moitiés inégales est alors la moitié de la base du triangle obtenu.

Le triangle et la différence entre les 4es puissances consécutives.

80. — Dans une différence entre 2 nombres consé cutifs élevés à la 4e puissance, on a plusieurs triangles et un carré. Le nombre de triangles est égal au double d'unités que renferme la plus faible racine. Chaque triangle est formé par cette faible racine multipliée par la différence entre les carrés. Le carré a pour racine la somme des 2 nombres.

Exemples :

1	1	1	1	$1\times3=3$;	$3\times2=$	6
D = 3		D =	15			
2	4	8	16	$1+2=3$;	$3\times3=$	9
						15

2	4	8	16	$2\times5=10$;	$10\times4=$	40
D = 5		D =	65			
3	9	27	81	$2+3=5$;	$5\times5=$	25
						65

3 9 27 81 $\quad 3 \times 7 = 21 ; \quad 21 \times 6 = 126$
D = 7 D = 175
4 16 64 256 $\quad 3 + 4 = 7 ; \quad 7 \times 7 = \underline{49}$
175

81. — Cette différence entre les 4es puissances sert à former des nombres triangulaires.

1° La somme de 2 nombres consécutifs multipliée par la différence entre leurs 4es puissances donne un triangle ayant pour base le carré de la somme de ces 2 nombres.

$1 + 2 = 3 ; \ 3 \times 15 = 45$ Δ base 9, carré de 3
$2 + 3 = 5 ; \ 5 \times 65 = 325$ Δ base 25, carré de 5
$3 + 4 = 7 ; \ 7 \times 175 = 1225$ Δ base 49, carré de 7. etc.

2° On obtient le même résultat en multipliant le carré de la somme des racines par la somme des carrés.

Exemple :

$+ 2 = 3 ; 3 \times 3 = 9$ somme des carrés $= 5 \quad 5 \times 9 = 45$
$+ 3 = 5 ; 5 \times 5 = 25$ somme des carrés $= 13 \quad 13 \times 25 = 325$
$+ 4 = 7 ; 7 \times 7 = 49$ somme des carrés $= 25 \quad 25 \times 49 = 1225$.

Le triangle et la somme des 4es puissances.

82. — Nous venons de voir comment la différence entre les 4es puissances se décompose en plusieurs triangles et en un carré.

Si à cette différence nous ajoutons 2 fois le plus faible double carré, nous obtenons la somme des 4es puissances.

Exemple :

$$15 + 2 \text{ fois } 1 = 17$$
$$65 + 2 \text{ fois } 16 = 97$$
$$175 + 2 \text{ fois } 81 = 337$$

Nous obtenons le même résultat par 3 autres moyens.

83. — La moitié du produit de 2 nombres consécutifs élevée au triangle, c'est-à-dire, prise pour base triangulaire, et ce triangle multiplié par 16 + 1 donnent la somme des 4es puissances consécutives.

Exemple :

1 et 2 ;	$1 \times 2 = 2$	$2 < 2 = 1 \Delta 1$	$1 \times 16 + 1 = 17$
2 et 3 ;	$2 \times 3 = 6$	$6 < 2 = 3 \Delta 6$	$6 \times 16 + 1 = 97$
3 et 4 ;	$3 \times 4 = 12$	$12 < 2 = 6 \Delta 21$	$21 \times 16 + 1 = 337.$

Nous appuyant sur ce principe, nous pouvons poser le problème de la manière suivante :

La somme de 2 nombres consécutifs élevés à la 4e puissance est 3697. Quels sont ces 2 nombres ? Nous divisons cette somme par 16, et le quotient nous donnera un triangle ayant pour base la moitié du produit des 2 nombres.

3697	16.	231 est un triangle ayant pour
49	231	base 21. Donc le produit des
17		2 nombres est 42. Donc les
1		2 nombres cherchés sont 6 et 7.

84. — La somme de 2 nombres consécutifs élevés à la 4e puissance, est égale à 2 fois le carré du produit de ces 2 nombres, plus une fois le carré de la somme de ces 2 nombres.

Or, comme un carré contient 2 triangles consécutifs, il y a dans la somme de deux 4es puissance consécutives 6 triangles.

Exemple :

$1 : 2 \times 2 = 4$	$2 \quad 6 \times 6 = 36$	$3 \quad 12 \times 12 = 144$
$2 : 2 \times 2 = 4$	$3 \quad 6 \times 6 = 36$	$4 \quad 12 \times 12 = 144$
$3 \times 3 = 9$	$5 \times 5 = 25$	$7 \times 7 = 49$
17	97	337

85. — La somme de 2 nombres élevés à la 4e puissance est égale ;

1° Au carré du produit de ces 2 nombres augmenté de l'unité ;

2° Plus à 2 fois le triangle ayant pour base le produit de ces deux nombres ;

3° Plus le produit de ces 2 nombres.

Exemple :

$$\begin{array}{lllr}
1 & 1 \times 2 + 1 = 3 ; & 3 \times 3 = & 9 \\
2 & + \Delta \text{ de } 2 = 3 & & 3 \\
 & + \Delta \text{ de } 2 = 3 & & 3 \\
 & + 1 \times 2 = 2 & & 2 \\
 & & & \overline{17}
\end{array}$$

$$\begin{array}{lllr}
2 & 2 \times 3 = 6 + 1 = 7 ; & 7 \times 7 = & 49 \\
3 & + \Delta \text{ de } 6 = 21 & & 21 \\
 & + \Delta \text{ de } 6 = 21 & & 21 \\
 & + 2 \times 3 = 6 & & 6 \\
 & & & \overline{97}
\end{array}$$

$$\begin{array}{lllr}
3 & 3 \times 4 + 1 = 13 ; & 13 \times 13 = & 169 \\
4 & + \Delta \text{ de } 12 = & & 78 \\
 & + \Delta \text{ de } 12 = & & 78 \\
 & + 3 \times 4 = & & 12 \text{ etc.} \\
 & & & \overline{337}
\end{array}$$

Nous avons donc ici un carré, plus 2 triangles, plus le produit de 2 nombres consécutifs, c'est-à-dire 2 autres petits triangles.

86. — La somme plus 1 de 2 nombres élevés à la 4e puissance, divisée par 2, donne un carré ayant pour racine le produit des 2 nombres augmenté de l'unité.

Dès lors, dans la pratique, une somme de 2 nombres consécutifs, élevés à la 4e puissance, étant donnée, vous y ajoutez l'unité ; vous divisez par 2, et vous obtenez un carré ayant pour racine le produit des 2 nombres augmenté de l'unité.

Extrayant la racine carrée, vous trouvez les nombres demandés.

Soit à résoudre le problème suivant :

La somme de 2 nombres consécutifs élevés à la 4e puissance est 10,657.

Vous opérez ainsi : $10657 + 1 = 10658 < 2 = 5329$

$$\begin{array}{r|l} \sqrt{5329} & 73 \\ 429 & 143 \times 3 = 429 \\ 0 & \end{array} \qquad \begin{array}{r|l} \sqrt{73} & 8 \\ 9 & \end{array}$$

Les 2 nombres demandés sont donc 8 et 9.

LE TRIANGLE ET LA 5e PUISSANCE.

87. — Dans un nombre entier quelconque élevé à la 5e puissance, il y a autant de triangles faibles et de triangles forts qu'il y a d'unités dans son cube correspondant.

Nous allons le démontrer par la mise en rapport différentiel et proportionnel de 2 nombres triangulaires consécutifs. La 5e puissance de 2 est 32 ; le cube de 2 est 8.

Il y a dans 32, 8 fois le triangle de 1 et 8 fois le

triangle de 3. Ceci se démontre par l'opération suivante.

$$
\text{Diff. 2.}\quad
\begin{array}{cccccl}
\Delta & 1 & 2 & 4 & 8 & \multirow{2}{*}{$\Big\}\ 32 = \begin{array}{l} 1^{\circ}\ 8 \times 1 = 8 \\ 2^{\circ}\ 8 \times 3 = 24 \end{array}$} \\
\Delta & 3 & 6 & 12 & 24 & \\
\hline
 & 4 & 8 & 16 & 32 & \text{Total } 32 \\
 & \text{Carré} & \text{Cube} & 4^{e}\text{ puis.} & 5^{e}\text{ puis.} &
\end{array}
$$

Il en sera de même pour tous les nombres.

La 5e puissance de 3 est 243. Le cube de 3 étant 27, nous disons que dans 243 il y a 27 triangles faibles et 27 triangles forts.

$$
\text{Diff. 3.}\quad
\begin{array}{cccccl}
\Delta & 3 & 9 & 27 & 81 & \multirow{2}{*}{$\Big\}\ 243 = \begin{array}{l} 27\ \Delta\ 3 = 81 \\ 27\ \Delta\ 6 = 162 \end{array}$} \\
\Delta & 6 & 18 & 54 & 162 & \\
\hline
 & 9 & 27 & 81 & 243 & 243 \\
 & \text{Carré} & \text{cube} & 4^{e}\text{puis.} & 5^{e}\text{puis.} &
\end{array}
$$

La loi, comme on le voit, ne souffre aucune exception.

Le triangle et la différence entre les 5es puissances.

88. — La différence entre 2 nombres consécutifs élevés à la 5e puissance contient 2 triangles surperposés.

Le 1er a pour base le produit des 2 nombres consécutifs, ou progression pythagoricienne, et le 2e. a pour base la différence entre les cubes correspondants.

En détachant l'unité de la différence donnée, on a le triangle ayant pour base le produit des 2 nombres; le reste est le triangle ayant pour base la différence entre les cubes.

Exemples :

2^5
3^5 Diff. = 211

De 211, détachant l'unité, nous avons 21, triangle ayant pour base le produit des racines $2 \times 3 = 6$.

Retranchant 21 de 211 nous avons 190, triangle ayant pour base 19, différence entre les cubes de 2 et de 3. On obtient encore le plus fort triangle contenu dans la différence entre 2 nombres consécutifs élevés à la 5e puissance, en multipliant le plus faible triangle par 9 + 1. Ainsi : $21 \times 9 = 189 + 1 = 190$, 2e triangle contenu dans 211.

En vertu de ces lois, nous pouvons poser et résoudre sans peine le problème suivant :

La différence entre 2 nombres consécutifs élevés à la 5e puissance est 122,461. Quels sont ces 2 nombres ?

Détachant l'unité, nous avons 12,246, nombre triangulaire, dont il s'agit de trouver la base.

Opérant comme il a été dit au no 51 nous trouvons que la base triangulaire est 156, par conséquent que les nombres demandés sont bien 12 et 13.

89. — La différence entre 2 nombres consécutifs élevés à la 5e puissance peut se décomposer d'une autre manière.

Cette différence est encore égale à 2 fois le triangle du produit des 2 nombres, plus le carré de la somme des carrés des 2 nombres. (On sait d'autre part que la somme de 2 carrés consécutifs est le double plus 1 du produit de leurs racines.)

Exemples :

2^5	$2 \times 3 = 6$.	Δ de 6 = 21
3^5		Δ de 6 = 21
Somme des carrés 13.		$13 \times 13 = 169$
		Total = 211 Dif. entre 2^5 et 3^5.

En vertu de cette loi, nous pouvons reprendre le problème précédent et le poser de cette manière :

Étant donné le carré 97,969, déterminer la différence entre 2 nombres consécutifs élevés à la 5e puissance.

Pour résoudre ce problème ou tout autre semblable vous extrayez la racine carrée de 97,969. Le quotient vous donne 313, somme de 2 carrés consécutifs ; vous prenez la plus faible moitié de 313 = 156. Vous faites le triangle de 156. Vous obtenez 12,246.

Dès lors vous additionnez	1°	12246
	2°	12246
	3°	97969
		122461

Le nombre 122,461 est le nombre demandé.

90. La différence entre les 5es puissances de 2 nombres consécutifs a encore cette propriété :

La base de son faible triangle multipliée par la base de son fort triangle donne un produit qui ajouté à cette différence engendre un nouveau triangle ayant pour base le carré de la somme des 2 nombres. Ainsi 2^5 et 3^5, différence 211. Dans 211 il y a comme nous venons de le voir, le triangle de 21, base 6, et le triangle de 190 dont la base est 19. Or, si nous multiplions 6 par 19, nous avons 114, nombre qui ajouté à 211, nous donne 325. Or, 325 est un triangle dont la base est 25, et 25 est le carré de la somme des 2 nombres 2 et 3 = 5. $5 \times 5 = 25$.

LE TRIANGLE ET LA SOMME DES 5es PUISSANCES.

91. La somme de 2 nombres consécutifs élevés à la 5e puissance se décompose en triangles de 2 manières,

1° d'une manière générale et 2° d'une manière particulière.

1° D'une manière générale.

Cette manière consiste à décomposer séparément en triangles chacun des 2 nombres consécutifs élevés à la 5e puissance. Soit, par exemgle, à décomposer en triangles le nombre 1267, qui est la somme des 2 nombres 3 et 4 à leur 5e puissance.

Procédant comme nous avons dit n° 70, nous avons pour 3 à la 5e puissance :

$$\text{Diff. 3.}\begin{array}{rrrr} \Delta\ 3 & 9 & 27 & 81 \\ \Delta\ 6 & 18 & 54 & 162 \\ \hline 9 & 27 & 81 & 243 \\ \text{Carré} & \text{cube} & \text{4e puis.} & \text{5e puis.} \end{array} \left.\begin{array}{l} \\ \\ \end{array}\right\} 243 = \left\{\begin{array}{rcr} 27\ \Delta\ 3 & = & 81 \\ 27\ \Delta\ 6 & = & 162 \\ \hline & & 243 \end{array}\right.$$

Puis procédant de la même manière pour 4,
Nous avons :

$$\text{Diff. 4.}\begin{array}{rrrr} \Delta\ 6 & 24 & 96 & 384 \\ \Delta\ 10 & 40 & 160 & 640 \\ \hline 16 & 64 & 256 & 1024 \\ \text{Carré} & \text{cube} & \text{4e puis.} & \text{5e puis.} \end{array} \left.\begin{array}{l} \\ \\ \end{array}\right\} 1024 = \left\{\begin{array}{rcr} 64\ \Delta\ 6 & = & 384 \\ 64\ \Delta\ 10 & = & 640 \\ \hline & & 1024 \end{array}\right.$$

C'est-à-dire que nous avons :

$$\begin{array}{llr} 1° & 27 \quad\quad \Delta\ 3 \ \ldots\ldots & 81 \\ 2° & 27 + 64\ \Delta\ 6, \text{ total } 91\ \Delta\ 6. = & 546 \\ 3° & \quad\quad 64\ \Delta\ 10 \ \ldots\ldots & 640 \\ \hline \multicolumn{2}{l}{\text{Total des 2 nombres à la 5e puissance} =} & 1267 \end{array}$$

2° d'une manière particulière :

Tout le monde sait que, dans les puissances, la différence entre 2 nombres consécutifs, plus 2 fois le premier de ces nombres, est égale à la somme de ces 2 nombres consécutifs élévés à la même puissance.

Ainsi, la différence entre 2 et 3 élevés à la 3e puissance est 19. Cette différence, plus 2 fois la 3e puissance de 2 qui est 8, est égale à la somme de 2 et de 3 élevés à la 3e puissance. Et en effet : 19 + 2 fois 8 = 35 ; comme 8 : cube de 2, plus 27, cube de 3, font 35.

Partant de ce principe, nous dirons donc :

92. La somme de 2 nombres consécutifs élevés à la 5e puissance peut se décomposer :

1° En un certain nombre de triangles faibles et de triangles forts, et cette opération répétée deux fois ; 2° en 2 autres triangles superposés, dont le plus faible a pour base le produit des 2 nombres consécutifs, et le plus fort, pour base la différence entre les cubes correspondants.

Prenons pour exemple la somme de 3 et de 4 à la 5e puissance = 1267.

Le nombre 3 à sa 5e puissance donne 243 ;
Le nombre 4 à sa 5e puissance donne 1024,
1267.

Différence entre les 2 5es puissances = 781

Reprenant notre opération différentielle et proportionnelle, nous avons pour 3 :

Diff. 3.	Δ	3	9	27	81
	Δ	6	18	54	162
		9	27	81	243
		Carré	cube	4e puis.	5e puis.

D'après ce qui précède nous avons à prendre le triangle de 3, non pas 27 fois, mais 27 × 2 ou 54 fois ;
54 × 3 = 162
et celui de 6, 27 fois × 2 ou 54 fois. 54 × 6 = 324
Total 486

Mais la différence 781 nous donne 2 triangles,
Celui de 78, base 12, base égale au produit des 2

nombres 3 et 4; $3 \times 4 = 12$; puis celui de 703, puisque $781 - 78 = 703$. 703 triangle ayant pour base la différence entre les cubes de 3 et 4, qui est 37; puisque $3 \times 6 + 1 = 37$.

Additionnant maintenant tous nos triangles, nous avons pour former la somme des 5es puissances de 3 et de 4 :

1°	54 fois le triangle 3, base 2.	$54 \times 3 =$	162
2°	54 fois le triangle 6, base 3.	$54 \times 6 =$	324
3°	1 fois le triangle 78, base 12.	$1 \times 78 =$	78
4°	1 fois le triangle 703, base 37.	$1 \times 703 =$	703
	Total général égal à la somme des 5es puiss.		1267

LE TRIANGLE ET LA 6e PUISSANCE.

93 La 6e puissance d'un nombre est le carré du cube de ce nombre. Donc, au point de vue de réprésentation graphique d'une 6e puissance, nous rentrons dans le carré. Le nombre, par conséquent, se partagera en 2 triangles consécutifs.

Si nous avions à représenter graphiquement la 6e puissance de 3, nous écririons 27 points sur 27 points, et nous aurions 2 triangles consécutifs, celui de 26 = 351
et celui de 27. . . . . = 378
Total. 729

Carré dont la racine est 27.

Mais ce carré 729 équivaut d'autre part :

1°	à 81 fois le Δ 3. . .	$81 \times 3 =$	243
2°	à 81 fois le Δ 6. . .	$81 \times 6 =$	486
			729

Preuve indubitable que toutes les puissances d'un nombre entier, non seulement peuvent être ramènées à 2 termes, au triangle et au carré, mais uniquement au triangle. Et cela se comprend. Car, de même que l'unité est le principe du nombre et le gouverne, de, même le triangle est le principe des puissances et les domine toutes.

LE TRIANGLE ET LA DIFFÉRENCE ENTRE LES 6es PUISSANCES.

94. — La différence entre 2 nombres consécutifs élevés à la 6e puissance est égale à la somme de leurs cubes multipliée par leur différence. (Ce principe, les mathématiciens le savent, est applicable à toutes les puissances dont on double l'exposant, aussi bien entre nombres consécutifs qu'entre nombres non consécutifs.)

Ainsi, la somme des nombres 2 et 3 à leur 3e puissance est 35 et leur différence est 19. Si nous multiplions 35 par 19, nous avons 665, différence exacte entre les 6es puissances de 2 et de 3.

Partant de ce principe, nous disons :

Tous les éléments triangulaires compris dans la somme de 2 cubes consécutifs, et autant de fois répétés qu'il y a d'unités dans la différence entre ces cubes consécutifs, se retrouvent dans la différence entre les 6es puissances de 2 nombres consécutifs.

Prenant pour exemple les nombres 2 et 3, nous disons : 2 et 3 à la 3e puissance donnent comme somme 35, et comme différence 19.

Nous ajoutons : dans 35, il y a deux fois le Δ 10 = 20
plus une fois le Δ 15 = 15
Total = 35

Donc, dans 665, différence entre les 6es puissances de 2 et de 3, il y a 19 fois 2 fois le ▵ 10, c'est-à-dire

$$19 \times 20 = 380$$

plus 19 fois le triangle 15. $19 \times 15 = 285$

Total. 665

C'est-à-dire 38 fois le triangle 10, et 19 fois le triangle 15.

95. — Ontre ce moyen général, nous avons encore un moyen spécial de recomposer par le triangle la différence entre 2 nombres consécutifs élevés à la 6e puissance.

« Le produit de 2 nombres consécutifs multiplié par la somme de leurs carrés ;

Plus ce produit multiplié par la somme de ces 2 nombres ;

Plus la somme des 5es puissances de ces 2 nombres, donnent la différence entre les 6es puissances de ces 2 nombres.

Exemples :

Soit les nombres 2 et 3. La somme des 2 nombres $2 + 3 = 5$.

2	4	8	16	32	Le produit des 2 nombres est $2 \times 3 = 6$.
3	9	27	81	243	La somme des carrés $= 13$.
5	13			275	La somme des 5es puissances $= 275$.

Or : $6 \times 13 = 78$ ▵ Base 12.

$78 \times 5 = 390$

$+ 275$ 275

665

En vertu de cette loi nous pouvons poser le problème suivant : Étant donné le nombre triangulaire 1830, déterminer la différence entre 2 nombres consécutifs élevés à la 6e puissance.

Pour résoudre ce problème, nous cherchons d'abord la base triangulaire de 1830. Nous trouvons que cette base est 60, double du produit des deux nombres, des 2 racines. Ce produit est donc 30. Les nombres sont par conséquent 5 et 6, somme 11.

Nous multiplions 1830 par 11, nous avons	20130 ;
Nous y ajoutons la 5e puissance de 5	3125
Puis la 5e puissance de 6	7776
Et nous avons	31,031

Nombre qui est la différence exacte entre 5 et 6 élevés à la 6e puissance.

LE TRIANGLE ET LA SOMME DES 6es PUISSANCES.

96. — Nous avons vu que dans un nombre élevé à la 6e puissance il y a 2 triangles consécutifs formant un carré parfait.

Donc dans la somme de 2 nombres consécutifs à la 6e puissance il y aura 2 fois 2 triangles consécutifs, partant 2 carrés parfaits. Soit la somme des nombres 3 et 4 à leur 6e puissance.

Nous avons d'une part :	$3^6 =$	729
et d'autre part	$4^6 =$	4096
	Total	4825

r, dans ce nombre 4825, nous avons :

1° le triangle de 26 =	351	} = carré	729
2° celui de 27 =	378		
3° celui de 63 =	2016	} = carré	4096
4° celui de 64 =	2080		
	4825	=	4825

97. — Nous avons un autre moyen de former par le triangle la somme de 2 nombres consécutifs élevés à la 6e puissance.

Le triangle ayant pour base le double du produit de 2 nombres consécutifs, multiplié par le produit de ces 2 nombres consécutifs augmenté de l'unité; plus la somme des carrés de ces 2 nombres multipliée par la différence entre leurs cubes, donnent la somme des 6es puissances de ces 2 nombres.

Exemples :

1 et 2. Somme des carrés 5, différence entre les cubes 7; produit des 2 nombres 2.

D'où Δ 10, Base 4; $\times$ 3 produit des 2 nombres $+ 1 = 30$
$+ 5 \times 7 \qquad = 35$
$\qquad 65$

Pour 2 et 3 nous aurons :

1° $78 \times 7 = 546$
2° $13 \times 19 = 247$
$\qquad 793$

Pour 3 et 4 :

1° $300 \times 13 = 3900$
2° $25 \times 37 = 925$
$\qquad 4825$

En vertu de cette loi, nous pouvons poser le problème suivant :

Étant donné le nombre triangulaire 820, former à l'aide de ce nombre la somme de 2 nombres consécutifs élevés à la 6e puissance.

Pour résoudre ce problème nous cherchons d'abord la base du triangle 820. Nous trouvons que c'est 40, donc le produit des 2 nombres est 20.

Donc ce produit augmenté de l'unité est 21, la somme des carrés des 2 nombres est 41, et la différence entre leurs cubes, 61.

$$\begin{array}{lrcr} \text{Dès lors, nous avons} & 820 \times 21 & = & 17220 \\ \text{puis} & 41 \times 61 & = & 2501 \\ \hline & & & 19721 \end{array}$$

Somme exacte des 2 nombres 4 et 5, produit 20, à leur 6e puissance.

LE TRIANGLE ET LA 7e PUISSANCE.

98. — Un nombre entier quelconque élevé à la 7e puissance contient autant de triangles faibles et autant de triangles forts qu'il y a d'unités contenues dans sa 5e puissance.

Soit le nombre 3 dont la 7e puissance est 2187.

Opérons comme précédemment.

Diff. 3.	Δ	3	9	27	81	243	729
	Δ	6	18	54	162	486	1458
		9	27	81	243	729	2187
		Carré	cube	4e puis.	5e puis.	6e puis.	7e puis.

Comme on le voit, le nombre 2187 contient 243 fois le Δ 3 et 243 fois le triangle 6.

$$\begin{array}{rcr} 243 \times \Delta\, 3 & = & 729 \\ 243 \times \Delta\, 6 & = & 1458 \\ \hline & & 2187 \end{array}$$

Le procédé sera le même pour les 9e, 11e, 13e etc. puissances, c'est-à-dire qu'on prendra la puissance impaire précédente et que l'on comptera autant de triangles faibles et autant de triangles forts qu'il y a d'unités dans cette puissance impaire précédente.

S'il s'agit des puissances paires, on a 2 lois.

La 1re est celle qui convient aux puissances impaires, c'est-à-dire, comme nous venons de le voir, qu'un nombre entier quelconque élevé à une puissance paire contient autant de triangles faibles et autant de triangles forts qu'il y a d'unités contenues dans la puissance paire précédente.

Ainsi dans le nombre 729, 6e puissance de 3, il y a autant de triangles faibles et autant de triangles forts qu'il y a d'unités dans la 4e puissance de 3, c'est-à-dire la puissance paire précédente.

Or, la 4e puissance de 3 est 81 ; par conséquent il y a dans 729, 81 Δ faibles et 81 Δ forts ; le triangle faible étant 3 et le triangle fort 6, nous avons 81 × Δ 3 = 243

puis 81 × Δ 6 = 486

Total 729

La 2e loi qui convient spécialement aux puissances paires est celle-ci :

Un nombre entier quelconque élevé à une puissance paire contient deux grands triangles consécutifs. Le plus haut de ces deux triangles a pour base la puissance dont l'exposant n'est que la moitié de celui auquel ce nombre a été élevé. Ainsi le nombre 3 élevé à la 6e puissance a pour exposant 6. La moitié de cet exposant est donc 3. Or 3 à la 3e puissance nous donne 27.

Faisant le triangle de 26, nous avons 351

et celui de 27, nous avons 378

dont la somme nous donne le carré 729

Par conséquent, en vertu de la 1re Loi, nous avons

dans le nombre 729, 162 petits triangles, 81 de 3 et 81 de 6; et en vertu de la loi qui régit les puissances paires, nous n'avons que 2 grands triangles consécutifs, celui de 26 et celui de 27 qui forment le carré 729, racine 27.

Avant de terminer cette étude sur le Triangle, signalons les lois spéciales qui régissent les différences entre 2 nombres consécutifs à la 7e et à la 9e puissance.

LA DIFFÉRENCE ENTRE 2 NOMBRES ÉLEVÉS A LA 7e PUISSANCE.

99. — 1re **Loi.** — Par le triangle et le cube.

Le triangle ayant pour base le double du produit de 2 nombres consécutifs,

Plus le cube du produit de ces 2 nombres;

Le tout multiplié par 7 + 1 (7 chiffre de la puissance) donnent la différence entre ces 2 nombres consécutifs élevés à la 7e puissance.

Exemples :

1 et 2 $2 \times 2 = 4 \,\Delta\, 10 + 8$ (cube de 2) $= 18 \times 7 = 126$; $126 + 1 = 127$.

127 est la différence entre 1 et 2 élevés à la 7e puissance.

2 et 3 $2 \times 3 = 6$; $6 + 6 = 12$. $12 \,\Delta\, 78 + 216$ (cube de 6) $= 294 \times 7 = 2058 + 1 = 2059$.

Cela étant, nous pouvons poser le problème suivant :

La différence entre 2 nombres consécutifs élevés à la 7e puissance est 14197. Quels sont ces 2 nombres?

Pour résoudre ce problème, nous divisons d'abord par 7.

```
14197 | 7
19    |----
      | 2028
   57
reste 1
```

Ensuite nous disons : Le plus haut cube contenu dans 2028 est 1728.

Donc : 2028
— 1728

reste 300. Nombre triangulaire dont la base est 24;

Donc le produit des 2 nombres est 12, donc les 2 nombres demandés sont 3 et 4, ce qui est en effet.

100. — 2e Loi. — Par le carré.

Le carré du produit de 2 nombres consécutifs augmenté de l'Unité, plus ce carré multiplié par le produit de ces 2 nombres; plus le tout multiplié par $7 + 1$, donnent la différence entre 2 nombres consécutifs élevés à la 7e puissance.

Exemples :

2 et 3 $2 \times 3 + 1 = 7$. $7 \times 7 = 49$. $49 \times 6 = 294$;
$294 \times 7 + 1 = 2059$

On voit ici que toute différence entre 2 nombres consécutifs à la 7e puissance étant divisée par 7 donne un nombre qui renferme ou un triangle et un cube : $294 = 78 + 216$, ou un carré multiplié par une progression pythagoricienne; $294 = 49 \times 6$.

Dans ce cas le carré est toujours impair, sa racine étant une progression pythagoricienne augmentée de l'unité.

LA DIFFÉRENCE ENTRE 2 NOMBRES ÉLEVÉS A LA 9e PUISSANCE.

Le triangle ayant pour base le produit de 2 nombres consécutifs augmenté de l'unité; ce triangle multiplié par le produit des 2 nombres consécutifs et par la différence entre les cubes ; ce produit général multiplié par 6, (6 étant la progression des cubes), puis la différence entre les cubes, donnent la différence entre les 9es puissances de ces 2 nombres consécutifs.

Exemples :

1 et 2. $1 \times 2 + 1 = 3$. Triangle de $3 = 6$; 2 produit de 1 et de 2;

7 différence des cubes de 1 et de 2. D'où $6 \times 2 \times 7$

D'où $6 \times 2 \times 7 = 84$

6, progression des cubes, d'où $84 \times 6 = 504$

plus 7, différence des cubes $= 7$

$\overline{511}$

511 est la différence exacte entre 1 et 2 élevés à la 9e puissance.

2 et 3, à la 9e puissance donnent comme différence 19171.

$2 \times 3 + 1 = 7$;

7 ▵ 28. 28×6 $(6 = 2 \times 3) = 168$; 168×19 (19, différence des cubes) $= 3192$.

3192×6 (6 ici progression des cubes) $= 19152$

plus 19 19

$\overline{19171}$

De même pour 3 et 4. Diff. à la 9e puiss. = 242,461.

$3 \times 4 + 1 = 13$. ▵ $91 \times 12 \times 37 \times 6 + 37 = 242{,}461$.

Deux lois générales qui permettent de décomposer en triangles et en carrés les différences entre 2 nombres consécutifs à n'importe quelle puissance.

Pour décomposer en triangles et en carrés les différences entre 2 nombres consécutifs à toutes les puissances, nous avons besoin d'empiéter un instant sur tout ce que nous aurons à dire dans le calcul des puissances; nous devons signaler 2 lois générales qui régissent les différences entre les puissances.

101. — 1re Loi.

Le plus faible facteur multiplié par la différence entre une autre puissance, plus la puissance du plus fort facteur à laquelle cette différence se réfère, donnent la différence entre les 2 facteurs élevés à la puissance suivante.

Prenons pour exemple les nombres 3 et 4.

Supposons un instant que nous voulions former la différence entre les 4es puissances de ces 2 nombres, nous multiplierons 3, plus faible facteur, par 37, différence entre 3 et 4 à la 3e puissance; nous aurons 111, puis à 111 nous ajouterons 64, 3e puissance de 4, second et plus fort facteur, et nous aurons 175, différence exacte entre 3 et 4 élevés à la 4e puissance.

Si les facteurs n'étaient pas consécutifs, comme 3 et 7, nous agirions de même; nous multiplierions 3 par 316, différence entre les cubes de 3 et de 7; seulement nous ajouterions le produit de 4 (différence des 2 nombres) par 343, cube de 7, et additionnant le tout, nous aurions 2320, différence exacte entre 3 et 7 à la 4e puissance.

C'est-à-dire :

$$\begin{array}{lr} 1^{\circ} \quad\ \ 3 \times 316 = & 948 \\ 2^{\circ} + 4 \times 343 = & \underline{1372} \\ & 2320 \end{array}$$

102. — 2e Loi.

Le plus haut facteur multiplié par la différence entre une autre puissance, plus la puissance du plus faible facteur à laquelle cette différence se réfère, donnent la différence entre les 2 facteurs élevés à la puissance suivante.

Soit à former la différence entre les 4es puissances de 3 et de 4. Nous multiplions 4 par 37; différence entre les cubes de ces 2 nombres; nous avons 148; nous ajoutons 27, cube de 3, plus faible facteur, et nous avons 175, différence exacte des 4es puissances de 3 et de 4.

Si les 2 nombres n'étaient pas consécutifs, comme 3 et 7, nous agirions comme ci-dessus; seulement nous ajouterions au produit de 7 par 316 = 2212, le produit de la différence qui est 4, par le cube de 27, c'est-à-dire 108, et nous aurions 2212 + 108 = 2320, différence exacte entre les 4es puissances de 3 et de 7.

103. Partant de ces 2 lois, nous avons deux manières de décomposer en triangles et en carrés les différences entre les puissances de 2 nombres consécutifs. Soit à décomposer le nombre 175, différence entre les 4es puissances de 3 et de 4. Nous dirons :

La différence entre 3 et 4 à la 3e puissance est 37.

Or, dans une différence entre 2 cubes consécutifs, il y a, comme nous l'avons dit, ou un triangle faible et un carré fort, ou un triangle fort et un carré faible.

Dans 37 le triangle faible est 21, triangle ayant pour base la moitié du produit des 2 facteurs 3 et 4; puis un carré fort 16, ayant pour racine le plus fort facteur qui est 4.

Opérant par le 1er facteur, 3, nous aurons donc :

3 fois le triangle	21 =	63
3 fois le carré .	16 =	48
		111

Mais il nous reste à ajouter 64, cube de 4.

Dans le cube de 64, il y a, comme nous l'avons vu, 4 triangles de 6 et 4 triangles de 10, puisque la mise en rapport différentiel et proportionnel nous donne

$$\begin{array}{l} 3 = \Delta\ 6 \\ 4 = \Delta\ 10 \end{array} \text{ c'est-à-dire : } 4\ \begin{array}{r} 6 = 24 \\ 10 = 40 \\ \hline \end{array}$$
$$4 \times \overline{16} = \overline{64}$$

nous avons donc, en récapitulant le tout, dans la différence 175,

1°	3 fois	Δ 21 =	63
2°	3 fois	carré 16 =	48
3°	4 fois	Δ 6 =	24
4°	4 fois	Δ 10 =	40
	Total		175 Diff. exacte des 4es puiss. de 3 et de 4.

104. Si nous opérons par le plus haut facteur, par 4, nous avons comme triangle fort 28 ($4 \times 7 = 28$) et comme carré faible, 9.

Dès lors nous avons : 4 fois Δ 28 = 112
4 fois carré 9 = 36
Total $\overline{148} + 27 = 175$.

Mais dans le cube 27, nous avons 3 fois le triangle 3 et 3 fois le triangle 6, puisque l'opération différentielle nous donne.

$$3\ \begin{array}{r} 3 = 9 \\ 6 \quad 18 \end{array}$$
$$\overline{3 \times 9} = \overline{27}$$

En récapitulant, nous avons dans 175 :

1°	4 fois	Δ 28 =	112
2°	4 fois	carré 9 =	36
3°	3 fois	Δ 3 =	9
4°	3 fois	Δ 6 =	18
	Total		175 Diff. exacte comme ci-dessus.

Si de la 4e puissance, nous passons à la 5e, nous avons, par le 1er facteur 3 : $175 \times 3 + 256 = 781$;
Et par le 2e facteur 4 : $175 \times 4 + 81 = 781$;

Différence des 5es puissances de 3 et de 4.

Mais, décomposons ce nombre 781.

Prenant les résultats acquis, c'est-à-dire ce qu'il y a dans le nombre 175 comme triangles et comme carrés, nous avons, si nous opérons par le 1er facteur :

3 ∆ 21 = 63 × 3	=	189
3 □ 16 = 48 × 3	=	144
4 ∆ 6 = 24 × 3	=	72
4 ∆ 10 = 40 × 3	=	120
+ 4e puissance de 4	=	256
Total		781

Nous avons donc 3 fois le résultat précédent, plus la 4e puissance de 4, le plus fort facteur.

Mais, qu'y a-t-il dans 256 ?

L'opération différentielle de la mise en rapport des triangles consécutifs nous donne :

4	6	=	24	96
	10	=	40	160
	16		64	256

C'est-à-dire 16 triangles de 6 et 16 triangles de 10, en sorte qu'en récapitulant le tout, nous avons dans 781, par le plus faible facteur :

9 ∆ de 21	=	189
9 □ de 16	=	144
12 ∆ de 6	=	72
12 ∆ de 10	=	120
16 ∆ de 6	=	96
16 ∆ de 10	=	160
Total		781

6.

Remarquons que 256, 4e puissance de 4 peut se décomposer en 2 seuls triangles; celui de 15 = 120
et celui de 16 = 136
Total 256

105. Si nous opérons par le plus haut facteur, par 4, nous avons : 175 × 4 = 700 + 81, 4e puissance de 3 = 781.

Prenant les résultats acquis pour la différence 175, nous avons par le plus haut facteur :

16 fois Δ 28 = 448
16 fois □ 9 = 144
12 fois Δ 3 = 36
12 fois Δ 6 = 72
+ 4e puissance de 3. 81 { = 9 fois Δ 3 = 27
781 { 9 fois Δ 6 = 54
81

Or 81 = 9 fois Δ 3 = 27
et 9 fois Δ 6 = 54
Total = 81

Ces lois générales, comme on le voit, s'appliquent à toutes les puissances, sans préjudice des lois particulières à telle ou telle puissance.

Nous pourrions aller plus loin et poursuivre ainsi nos opérations à travers toutes les puissances indéfiniment. Mais ce que nous avons dit suffit, ce nous semble, pour prouver la vérité de ce principe général :

Un nombre entier quelconque à toutes ses puissances peut se décomposer en triangles.

Il en est de même pour la différence et pour la somme de 2 nombres consécutifs. Dans les puissances paires, la décomposition peut se faire simplement en triangles, et de plus en triangles et en carrés.

106. — Autre loi générale qui convient aux différences entre les puissances paires.

Une différence entre 2 nombres étant élevée au carré, plus le produit de cette différence par le double du plus faible des 2 nombres, donnent la différence à la puissance doublée.

Ex. : La différence entre les carrés de 3 et de 7 est 40. Cette différence élevée au carré donne 1600 ; ajoutons-y le produit de 40 par 18, double du carré de 3, nous aurons $40 \times 18 = 720$; et additionnant ces 2 produits, nous avons $1600 + 720 = 2320$, différence exacte entre les 4es puissances de 3 et de 7. Appliquant cette loi aux différences entre nombres consécutifs, nous trouvons une nouvelle loi de décomposition en triangles dans les différences des puissances paires.

Ainsi, par exemple, la différence entre les cubes de 3 et de 4 est 37. La différence entre ces nombres à la 6e puissance est 3367, multipliant 37 par 37 nous avons 1369.

Multipliant ensuite 37 par le double du plus faible facteur à la 3e puissance, c'est-à-dire multipliant 37 par 2 fois 27 (27 cube de 3) nous avons $37 \times 27 \times 2 = 1998$.

Additionnant 1369 et 1998, nous avons 3367.

Mais dans 37, il y a, ou un triangle faible et un carré fort, ou un triangle fort et un carré faible, puisque c'est une différence entre 2 cubes consécutifs.

Si nous opérons par le facteur faible, nous avons dans 37 le triangle 21, triangle faible et 16 carré fort ; par conséquent dans 1369 nous aurons :

37 fois le triangle	21	37 × 21 =	777
et 37 fois le carré	16	37 × 16 =	592
		Total =	1369

Si nous opérons par le facteur fort, nous aurons dans 37.

le triangle fort = 28. D'où	28 × 37 =	1036
et le carré faible = 9	9 × 37 =	333
	=	1369

Il nous reste maintenant à décomposer en triangles le nombre 1998. Or, ce nombre est égal à 54 fois 37.

Nous aurons donc dans ce nombre 54 fois le triangle 21 et 54 fois le carré 16, ou bien : 54 fois le triangle 28 et 54 fois le carré 9.

C'est-à-dire : ou	54 × 21 =	1134
	54 × 16 =	864
		1998
ou bien	54 × 28 =	1512
	54 × 9 =	486
		1998

Rapprochant le tout, nous aurons donc : 1° par le faible facteur :

1°	37 × 21 =	777
2°	37 × 16 =	592
3°	54 × 21 =	1134
4°	54 × 9 =	864
		3367

2° par le plus fort facteur :

1°	37 × 28 =	1036
2°	37 × 9 =	333
3°	54 × 28 =	1512
4°	54 × 9 =	486
		3367

Cet exemple suffit pour montrer que les différences dans les puissances paires ont une loi générale qui leur est cependant particulière.

Nombres en même temps triangulaires et carrés.

107. — Il y a des nombres qui jouissent de la propriété d'être en même temps triangulaires et carrés. Ils sont formés par le produit de 2 carrés premiers entre eux, de manière que l'un des carrés diffère du *double* de l'autre seulement de l'unité en plus ou en moins.

Ces nombres en même temps triangulaires et carrés sont successivement impairs et pairs.

Lorsqu'ils sont impairs, ils ont pour base triangulaire le 2e carré, et pour racine carrée le produit des racines des 2 carrés qui servent à les former.

Lorsqu'ils sont pairs, ils ont pour base triangulaire le 2e carré diminué de l'unité, et pour racine carrée le produit des racines des 2 carrés qui servent à les former.

La série de ces nombres se dispose comme ci-dessous, par couples dont les termes forment deux colonnes verticales.

1	1	Le 1er terme de chaque couple est la somme
2	3	des 2 termes du couple immédiatement au-
5	7	dessus, et le 2e terme est la somme du 1er
12	17	terme ainsi trouvé et du 1er terme du
29	41	couple précédent. Les produits des carrés
70	99	des 2 termes formant chaque couple don-
169	239	neront la série des nombres en même
		temps triangulaires et carrés.

408 577 Pour former ces couples, vous dites :

985 1393

1 + 1 = 2 2 + 1 = 3	}	2e couple 2. 3
2 + 3 = 5 2 + 5 = 7	}	3e couple 5. 7
5 + 7 = 12 5 + 12 = 17	}	4e couple 12. 17
12 + 17 = 29 29 + 18 = 41	}	5e couple 29. 41

etc., etc.

L'unité est à la fois triangle et carré ; c'est le triangule et le carré à l'état rudimentaire.

2 et 3.	2 × 2 = 4 3 × 3 = 9	4 × 9 =	36. Base triang. 9 — 1 ou 36 ; racine carrée 6 = 2 ×
5 et 7.	5 × 5 = 25 7 × 7 = 49	25 × 49 =	1225 △ Base 49. 1225 □ Racine 35 = 5 ×
12 et 17.	12 × 12 = 144 17 × 17 = 289	144 × 289 =	41616 △ Base 289 — 1 = 28 41616 □ Rac. 204 = 12 × 1

etc., etc.

108. — Les nombres triangulaires et carrés impairs ont de plus une relation avec la progression pythagoricienne et la différence entre les cubes. Leur base triangulaire est un carré impair. Or, tout carré impair divisé par 4, donne une progression pythagoricienne, et le reste est la différence entre 2 cubes consécutifs.

Or, en mettant en rapport différentiel et proportionnel une progression pythagoricienne et la différence des cubes correspondants à cette progression, on forme un nombre triangulaire, et dans le cas dont il s'agit ici, on obtient un nombre triangulaire et carré.

Ainsi 1225 a pour base triangulaire 49.

$\frac{49}{4} = 12$. De 49, retranchant 12, nous avons 37.

12 est le produit de 3 et de 4, et 37 la différence entre les cubes de 3 et de 4.

D'où l'opération différentielle $25 \times \begin{cases} 12 = 300 \\ 37 = 925 \end{cases}$

$$\overline{25 \times 49} = \overline{1225}$$

Il en est de même pour le couple 29. 41.

$$41 \times 41 = 1681. \ \frac{1681}{4} = 420. \ 1681 - 420 = 1261.$$

420 est le produit de 20 et 21; et 1261, la différence entre les cubes de ces 2 nombres.

$$\text{D'où} : D = 841 \times \begin{cases} 420 = 353220 \\ 1261 = 1060501 \end{cases}$$

$$\overline{841 \times 1681} = \overline{1413721}$$

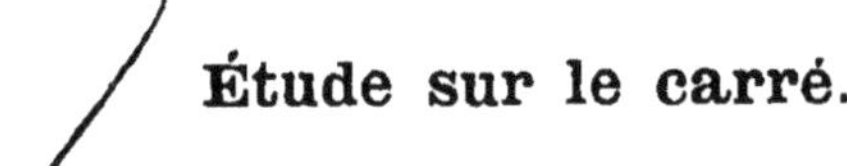

Étude sur le carré.

A ce que nous avons dit sur le carré dans notre : *Étude sur le triangle*, nous ajoutons ce qui suit :

MARCHE PÉRIODIQUE ET DÉSINENCIELLE DES CARRÉS.

109. — Comme les Triangles, les carrés ont 6 désinences mais elles ne sont pas les mêmes. Ces désinences sont 1, 4, 9, 6, 5, 0.

Leur évolution s'accomplit de 10 en 10 nombres, juste la moitié de l'évolution triangulaire, et cela, par la raison que 2 nombres triangulaires consécutifs forment un carré parfait.

Racines	Carrés	Racines	Carrés
1	1	11	121
2	4	12	144
3	9	13	169
4	16	14	196
5	25	15	225
6	36	16	256
7	49	17	289
8	64	18	324
9	81	19	361
10	100	20	400

Dans cette évolution périodique de 10 carrés consécutifs, la désinence y compte 2 carrés séparés l'un de l'autre par un intervalle de 8 et de 2. Ces carrés ont pour racine un nombre qui se termine, ou par l'unité ou par 9, comme 1 et 9, 11 et 19, 21 et 29 etc.

La désinence 4 compte 2 carrés séparés l'un de l'autre par un intervalle de 6 et de 4. Ces carrés ont pour racine des nombres terminés par 2 ou par 8.

La désinence 9 compte 2 carrés séparés l'un de l'autre par un intervalle de 6 et de 4. Ces carrés ont pour racines des nombres qui se terminent par 3 ou par 9.

La désinence 6 compte 2 carrés séparés l'un de l'autre par un intervalle de 2 et de 8.

La désinènce 5 ne compte qu'un seul carré lequel a pour racine à partir de 10, un nombre se terninant constamment par 5.

La désinence 0 ne compte qu'un seul carré lequel a pour racine, à partir de 10, un nombre se terminant constamment par 0.

Il est en outre à remarquer que l'évolution désinencielle de 0 reproduit toute la série des carrés, avec 2 ou plusieurs zéros :

1. 10 × 10 = 100
2. 20 × 20 = 400
3. 30 × 30 = 900
4. 40 × 40 = 1600
5. 50 × 50 = 2500
6. 60 × 60 = 3600
7. 70 × 70 = 4900
8. 80 × 80 = 6400
9. 90 × 90 = 8100

FORMATION DES CARRÉS.

Les carrés ont plusieurs modes de formation,

1° par voie d'addition;

2° par voie de multiplication;

3° par voie de division.

4° par voie d'addition,

110. — 1° Les nombres impairs additionnés, plus le carré précédent, donnent la série des carrés, ainsi que nous l'avons vu dans la table de Pythagore.

Exemple :

1 +	3 +	carré de	1 =	4
	5 +		4 =	9
	7 +		9 =	16
	9 +		16 =	25
	11 +		25 =	36
	13 +		36 =	49 etc., etc.

111. — 2° Les nombres impairs et pairs additionnés, plus le carré précédent donnent la série des carrés.

1 +	2 +	carré de 1	= 4
2 +	3 +	4	= 9
3 +	4 +	9	= 16
4 +	5 +	16	= 25
5 +	6 +	25	= 36
6 +	7 +	36	= 49

112. — 3° Le produit de 2 nombres consécutifs ou progression pythagoricienne, plus le plus fort de nombres consécutifs donnent la série des carrés, à partir de 4, 1er carré effectif :

$$
\begin{aligned}
1 \times 2 + 2 &= 4 \\
2 \times 3 = 6 + 3 &= 9 \\
3 \times 4 = 12 + 4 &= 16 \\
4 \times 5 = 20 + 5 &= 25 \\
5 \times 6 = 30 + 6 &= 36 \\
6 \times 7 = 42 + 7 &= 49 \text{ etc., etc.}
\end{aligned}
$$

113. — 4° La progression pythagoricienne, plus la différence entre les cubes de 2 nombres consécutifs donnent la série des carrés impairs, à partir de 9.

Exemple :

Progression pythag.	2	6	12	20	30	42	
Diff. des cubes :	7	19	37	61	91	127	etc.
	9	25	49	81	121	169	

Nous verrons tout à l'heure un autre mode de formation donnant le même résultat.

5° 2 triangles consécutifs, comme nous l'avons vu, étant additionnés, forment un carré parfait :

1	3	6	10	15	21	28	36	
3	6	10	15	21	28	36	45	etc.
4	9	16	25	36	49	64	81	

114. 6° Le triangle ayant pour base le carré de la somme de 2 nombres consécutifs, plus le carré de la progression pythagoricienne, donnent un carré ayant pour racine la différence entre les cubes.

1 et $2 = 3$. $1 \times 2 = 2$. $3 \times 3 = 9$. 9 base du triangle : $45 + 2 \times 2 = 49$.

Or, 49 a pour racine 7, différence entre les cubes de 1 et de 2.

2 et $3 = 5$. $2 \times 3 = 6$. $5 \times 5 = 25$. 25 base du triangle $325 + 6 \times 6 = 361$.

361 carré dont la racine est 19, différence entre les cubes de 2 et de 3.

On voit ici qu'il y a une relation intime entre le triangle, le carré et le cube.

On voit qu'un carré impair contient un triangle fort et un carré faible.

115. — 2° Par voie de multiplication.

1° Tout nombre multiplié par lui-même donne un carré.

C'est le mode de formation que tout le monde connaît.

2° Le produit de 2 nombres impairs consécutifs, plus 1, donne un carré pair; et ce carré pair a pour racine le nombre pair intermédiaire.

Exemple :

$1 \times 3 + 1 = 4$, racine 2
$3 \times 5 + 1 = 16$ — 4
$5 \times 7 + 1 = 36$ — 6
$7 \times 9 + 1 = 64$ — 8
$9 \times 11 + 1 = 100$ — 10, etc.

Mais pourquoi faut-il ajouter l'unité au produit des deux nombres pour former un carré parfait?

Parce que la différence entre le nombre impair et le nombre pair suivant est l'unité, et qu'un produit quelconque multiplié par l'Unité ne change pas la valeur de ce produit. Ici, pour retrouver le carré pair, il nous manque l'unité; il nous faut donc l'ajouter au produit obtenu. Ainsi : 1×3 ne donne que 3. Mais $3 + 1$ nous donne 4. Or, 4 est un carré pair, et sa racine 2 est le nombre intermédiaire entre 1 et 3.

Partant de ce principe, et pourvu que nous sachions

extraire la racine carrée d'un nombre, nous pouvons sans recourir à l'Algèbre, résoudre le problème suivant tiré de l'excellent *Traité d'algèbre* des Frères, page 154, n° 113.

Trouver 2 nombres impairs consécutifs tels que leur produit soit 483.

Vous dites : $483 + 1 = 484$, carré pair dont il faut extraire la racine pour avoir le nombre pair intermédiaire.

Dès lors, l'opération se réduit à ceci :

$$\begin{array}{r|l} \sqrt{484} & 22 \\ 84 & \overline{42} \times 2 = 84. \\ 0 & \end{array}$$

Le nombre intermédiaire étant 22, les 2 nombres impairs consécutifs seront nécessairement 21 et 23, ce qui est en effet; car, $21 \times 23 = 483$.

116. — 3° Le produit de 2 nombres pairs consécutifs + 1 donne un carré impair, et ce carré a pour racine le nombre impair intermédiaire.

$$\begin{array}{rcl} 2 \times 4 = 8 + 1 = 9, & \text{racine} & 3 \\ 4 \times 6 = 24 + 1 = 25 & & 5 \\ 6 \times 8 = 48 + 1 = 49 & & 7 \\ 8 \times 10 = 80 + 1 = 81 & & 9, \text{ etc.} \end{array}$$

Mais pourquoi faut-il ajouter l'unité au produit des deux nombres pour obtenir un carré parfait?

Par la raison que la différence entre un nombre pair et le nombre impair suivant est encore l'unité. Nous devons procéder comme dans le cas précédent.

Dès lors, si l'on nous dit :

Trouver 2 nombres pairs consécutifs tels que leur produit soit 1088.

Agissant comme ci-dessus, nous ajoutons l'unité au

produit indiqué : $1088 + 1 = 1089$, carré impair dont il faut extraire la racine.

$$\begin{array}{r|l} \sqrt{1089} & 33 \\ 189 & \overline{63} \times 3 = 189. \\ 0 & \end{array}$$

La racine carrée de 1089 étant 33, les 2 nombres pairs demandés seront donc 32 et 34, ce qui est en effet : $32 \times 34 = 1088$.

117. — 4 nombres impairs et pairs consécutifs multipliés les uns par les autres et au produit desquels on ajoute l'unité forment un carré impair, ayant pour racine le produit des 2 nombres extrêmes augmenté de l'unité.

$$\begin{array}{l} 1 \times 2 \times 3 \times 4 + 1 = 25 \\ 2 \times 3 \times 4 \times 5 + 1 = 121 \\ 3 \times 4 \times 5 \times 6 + 1 = 361 \\ 4 \times 5 \times 6 \times 7 + 1 = 841 \end{array}$$

Pourquoi cela? Parce que 4 nombres impairs et pairs consécutifs multipliés les uns par les autres, équivalent à 2 nombres pairs consécutifs multipliés l'un par l'autre.

Pour nous convaincre de cette vérité, nous n'avons qu'à multiplier les 2 extrêmes l'un par l'autre et les 2 moyens l'un par l'autre. Nous allons avoir 2 nombres pairs consécutifs.

$$\begin{array}{llr} 1 \times 4 = 4;\ 2 \times 3 = 6, \text{ donc} & & 4 \text{ et } 6 \\ 2 \times 5 = 10;\ 3 \times 4 = 12 & & 10 \text{ et } 12 \\ 3 \times 6 = 18;\ 4 \times 5 = 20 & & 18 \text{ et } 20 \\ 4 \times 7 = 28;\ 5 \times 6 = 30 & & 28 \text{ et } 30 \end{array}$$

Nous sommes donc ramenés au cas précédent.

Dans la pratique, quand le produit de 4 nombres impairs et pairs est donné, pour retrouver ces nombres, vous opérez comme il suit :

1° Vous ajoutez l'unité au produit donné, et vous avez un carré parfait, un carré impair ;

2° De ce carré vous extrayez la racine ;

3° Du quotient obtenu, vous extrayez de nouveau la racine carrée ; et vous obtenez au quotient le 2e nombre, et comme reste, le 1er nombre.

Soit à résoudre le problème suivant :

Le produit de 4 nombres impairs et pairs est 32760. Quels sont ces 4 nombres ?

Opérations :

1° $32760 + 1 = 32761$. 2° $\sqrt{32761}$ | 181
227 | $28 \times 8 = 224$
361 | $361 \times 1 = 361$
0

3° $\sqrt{181}$ | 13
081 | $23 \times 3 = 69$
Reste 12

Les nombres sont donc 12, 13, 14 et 15.

118. — Le produit de 4 nombres pairs consécutifs est divisible par 16. En ajoutant l'unité au résultat de la division par 16, on obtient un carré et un carré impair.

Exemples :

$2 \times 4 \times 6 \times 8 = 384 ;\ 384 \leqslant 16 = 24 + 1 = 25$
$4 \times 6 \times 8 \times 10 = 1920 ;\ 1920 \leqslant 16 = 120 + 1 = 121$
$6 \times 8 \times 10 \times 12 = 5760 ;\ 5760 \leqslant 16 = 360 + 1 = 361$

Mais pourquoi faut-il diviser par 16 le produit de 4 nombres pairs consécutifs, pour obtenir, avec l'unité ajoutée au résultat de la division, un carré et un carré impair ?

Parce que dans 4 nombres pairs consécutifs, il y en a *toujours* 2 qui sont divisibles par 4, et que dans la multiplication 4 donne 16 ; $4 \times 4 = 16$.

Vérifions notre dire :

$$2, 4, 6, 8.$$

Dans ces 4 nombres pairs consécutifs, 2 sont divisibles par 4, 4 et 8 : $4 \leqslant 4 = 1$; $8 \leqslant 4 = 2$.

Le résultat de l'opération nous donne donc

$$2, 1, 6, 2.$$

En multipliant les extrêmes l'un par l'autre, nous avons : $2 \times 2 = 4$

Puis les deux moyens, l'un par l'autre, nous avons d'autre part :

$$1 \times 6 = 6.$$

Nous sommes donc ramenés à 2 termes, à 2 nombres pairs consécutifs, à 4 et 6 ; et dès lors, nous suivons la loi qui régit le produit de 2 nombres pairs consécutifs.

Soit à résoudre le problème suivant :

Le produit de 4 nombres pairs consécutifs est :

$$524,160.$$

Quels sont ces 4 nombres ?

Opérations :

1° $524160 \leqslant 16 = 32760.$

2° $32760 + 1 = 32761.$

3°

$\sqrt{32761}$	181
227	$28 \times 8 = 224$
361	$361 \times 1 = 561$
0	

4°

$\sqrt{181}$	13
081	$23 \times 3 = 69.$
Reste 12	

Maintenant, si nous doublons les nombres trouvés, nous avons $12 \times 2 = 24$; $13 \times 2 = 26$; $14 \times 2 = 28$; $15 \times 2 = 30$.

Donc, les 4 nombres pairs consécutifs demandés sont 24, 26, 28 et 30.

Et en effet : $24 \times 26 \times 28 \times 30 = 524,160$.

119. — La progression pentagonale multipliée par 24 + 1 donne un carré impair.

(Voir ce que nous avons dit, n° 20.)

120. — Les nombres triangulaires multipliés par 8 + 1 donnent la série des carrés impairs.

$$
\begin{array}{l}
\Delta\ 1 \times 8 + 1 = 9 \\
\Delta\ 3 \times 8 + 1 = 25 \\
\Delta\ 6 \times 8 + 1 = 49 \\
\Delta\ 10 \times 8 + 1 = 81 \\
\Delta\ 15 \times 8 + 1 = 121, \text{ etc.}
\end{array}
$$

Ici, nous avons une remarque à faire : c'est que tout carré impair a pour racine un nombre équivalent au double + 1 de la base du triangle multiplié par 8.

Δ 3, base 2. $3 \times 8 = 24 + 1 = 25$. 25 carré ayant pour racine 5. Mais 5 est égal à $2 + 2 + 1$.

121. — La progression pythagoricienne, 2, 6, 12, 20, 30, 42, 56, 72, 90, etc., etc., multipliée par 4 + 1 donne un carré impair.

$$
\begin{array}{r}
2 \times 4 + 1 = 9 \\
6 \times 4 + 1 = 25 \\
12 \times 4 + 1 = 49 \\
20 \times 4 + 1 = 81
\end{array}
$$

Cette loi est corrélative de celle que nous avons vue n° 108, la progression pythagoricienne ajoutée à la différence entre les cubes correspondants.

Pourquoi ?

Dans une différence entre 2 cubes consécutifs, il y a 3 fois la progression pythagoricienne, plus l'unité.

Ex. dans 19, différence entre les cubes de 2 et de 3, il y a 3 fois la progression pythagoricienne 6 (2×3

= 6) plus l'unité. Donc, si à 3 fois 6 = 18, vous ajoutez une fois 6, vous avez 24, et avec l'unité, 25.

Par conséquent, 4 fois la progression pythagoricienne, plus l'unité est l'équivalent de la progression pythagoricienne ajoutée à la différence entre les cubes correspondants.

Mais, pourquoi 4 fois la progression pythagoricienne plus l'unité nous donnent-elles un carré ?

En vertu de cette loi que nous retrouverons plus tard dans le calcul par la différence et dans le calcul des puissances, à savoir que :

122. — 4 fois le produit de 2 nombres, plus le carré de leur différence, donnent un carré égal au carré de la somme de ces 2 nombres, soit consécutifs, soit non consécutifs.

Exemples :

1° Entre nombres consécutifs :

$$2 \times 4 + 1 = 9$$
$$6 \times 4 + 1 = 25$$

4 fois le produit 2 ($2 \times 4 = 8$) plus 1, carré de la différence entre 1 et 2; carré égal au carré de la somme $1 + 2 = 3$. $3 \times 3 = 9$.

25 est égal à 4 fois le produit de 2 par 3 ($2 \times 3 = 6$) $4 \times 6 = 24$, plus 1, carré de la différence entre 2 et 3; carré égal au carré de la somme des 2 nombres $2 + 3 = 5$. $5 \times 5 = 25$.

2° Entre nombres non consécutifs :

Soit les nombres 3 et 7.

Somme des 2 nombres $3 + 7 = 10$

Différence des 2 nombres $= 4$

Produit des 2 nombres $= 21$

Or, 4 fois 21 = 84
\+ le carré de la diff. 4 = 16
donnent le carré 100

Mais 100 est le carré de la somme des 2 nombres 3 + 7 = 10. Cette loi est connue des Algébristes.

Nous verrons dans le calcul des puissances tout le parti qu'on peut en tirer.

FORMATION DES CARRÉS PAR VOIE DE DIVISION.

123. — La somme de 2 carrés consécutifs augmentée de la somme de leurs racines étant divisée par 2, donne comme carré, le carré du plus élevé des 2 nombres.

Exemples :

$$\begin{array}{l} 1 \times 1 = 1 \\ 2 \times 2 = 4 \\ \overline{3} \quad + \quad \overline{5} = 8 < 2 = 4 \\ 2 \times 2 = 4 \\ 3 \times 3 = 9 \\ \overline{5} \quad + \quad \overline{13} = 18 < 2 = 9 \\ 3 \times 3 = 9 \\ 4 \times 4 = 16 \\ \overline{7} \quad + \quad \overline{25} = 32 < 2 = 16, \text{ etc., etc.} \end{array}$$

124. — La somme de 2 nombres consécutifs élevés à la 4e puissance et augmentée de l'unité, étant divisée par 2 donne un carré ayant pour racine le produit de ces 2 nombres augmenté de l'unité.

Exemples :

1 et 2 à la 4e puissance donnent comme somme 17.
17 + 1 = 18 ; 18 < 2 = 9 ; 9, racine 3.

C'est-à-dire $2 + 1$.

2 et 3 à la 4e puissance donnent comme somme 97.

$97 + 1 = 98$. $98 < 2 = 49$, racine 7.

$7 = 2 \times 3 + 1$; et ainsi de suite, indéfiniment.

En vertu de cette loi nous pouvons poser le problème suivant :

La somme de 2 nombres élevés à la 4e puissance est 49, 297. Quels sont ces 2 nombres?

Nous ajoutons l'unité au nombre proposé et nous divisons par 2.

$$49297 + 1 = 49298 < 2 = 24649.$$

Nous extrayons la racine carrée : $\sqrt{24649}$ | 157

146 | $25 \times 5 = 125$

2149 | $307 \times 7 = 2149$

0

Le produit des 2 nombres est donc 157.

A nouveau nous extrayons la racine carrée :

$\sqrt{157}$ | 12

057 | $22 \times 2 = 44$.

Reste 13.

Les nombres demandés sont donc 12 et 13.

Et en effet 12^4 20736

13^4 28561

49297

Nous ferons remarquer que l'unité que nous avons ajoutée au nombre 49297 avant de diviser par 2 représente la 4e puissance de la différence.

Si les nombres ne sont pas consécutifs, il faut à la somme indiquée, avant de la diviser par 2, ajouter la 4e puissance de la différence, et alors en divisant par 2 on obtient un carré ayant pour racine le produit des 2 nombres augmenté du carré de la différence.

Exemples :

Soit la somme des 4es puissances de 3 et de 7.

$$\text{Nous avons}\quad \begin{array}{lr} 3^4 = & 81 \\ 7^4 & 2401 \\ \hline & 2482 \end{array}$$

Ajoutons à cette somme la 4e puissance de la différence 4, c'est-à-dire 256, nous aurons :

$$\begin{array}{r} 2482 \\ +\ \ 256 \\ \hline 2738 \end{array} \text{ qui divisé par } 2 = 1369.$$

Or, la racine carrée de 1369 est 37, et 37 est ici le produit des 2 nombres $3 \times 7 = 21$, plus 16, carré de la différence $21 + 16 = 37$.

125. — Dans la pratique, lorsque la somme de 2 nombres non consécutifs élevés à la 4e puissance est donnée, on résout facilement le problème en extrayant deux fois la racine carrée, la 1re fois, de la somme donnée, et la 2e fois, du quotient obtenu.

Après la 2e extraction de la racine carrée, on obtient le plus haut facteur. Alors on élève ce facteur à la 4e puissance. On soustrait le résultat de la somme des 2 nombres à la 4e puissance. On obtient ainsi la 4e puissance du plus faible facteur. Alors on extrait 2 fois la racine carrée, et on retrouve ce plus faible facteur.

Ainsi, pour la somme donnée 2482, on retrouve les facteurs, c'est-à-dire les 2 nombres par les opérations suivantes.

$$1^\circ\ \begin{array}{r|l} \sqrt{2482} & 49 \\ 882 & \overline{89 \times 9} = 801. \\ \text{Reste } 81. & \end{array}$$

2° $\sqrt{49}$ | 7
0

Alors $7 \times 7 \times 7 \times 7 = 2401$.

	2482
	2401
Reste	81.

81 4ᵉ puissance du plus faible facteur.

1° $\sqrt{81}$ | 9 — 0   2° $\sqrt{9}$ | 3 — 0

Donc, le plus faible facteur est 3.

Le procédé serait le même et donnerait les mêmes résultats si les nombres étaient beaucoup plus élevés.

SOMME DES CARRÉS.

126. — Lorsqu'un nombre est la somme de 2 carrés consécutifs, le double de ce nombre est également la somme de 2 carrés. Dans ce cas, le 1ᵉʳ carré contenu dans cette somme doublée est celui de l'unité, et le 2ᵉ carré a pour racine la différence entre les carrés primitifs.

Carrés primitifs				
Différences	1		1	Racines
3	4		9	3
	$5 \times 2 =$		10	
5	4		1	
	9		25	5
	$13 \times 2 =$		26	
7	9		1	
	16		49	7, etc., etc.
	$25 \times 2 =$		50	

127. — La somme de 2 carrés consécutifs ou non consécutifs étant dédoublée, c'est-à-dire partagée en 2, contient également 2 carrés. Ces 2 carrés sont ceux de la demi-différence et de la demi-somme.

La somme des racines de ces 2 carrés est égale à la racine du plus fort carré primitif.

Enfin, la différence entre les 2 carrés contenus dans la somme dédoublée est égale au produit des racines des 2 carrés primitifs.

Soit d'abord une somme paire, 58, somme des carrés 9 et 49.

Nous avons

$$\text{Diff. 4.}\quad \begin{array}{r} 3 \times 3 = 9 \\ 7 \times 7 = 49 \\ \hline 10 \qquad 58 \end{array}$$

$\frac{58}{2} = 29$. Dans 29, il y a le carré de la demi-différence qui est 2. $\qquad 2 \times 2 = 4$

puis le carré de la demi-somme 10, = 5. $\qquad 5 \times 5 = 25$

$$\overline{29}$$

La somme des racines des carrés 4 et 25 est 7, somme égale à la racine du plus haut carré primitif 49. La différence entre les carrés 4 et 25 est 21, différence égale au produit des racines des 2 carrés primitifs 3 et 7; $3 \times 7 = 21$,

Soit maintenant une somme impaire, la somme des carrés 9 et 16 = 25.

Nous avons :

$$\text{Diff. 1.}\quad \begin{array}{r} 3 \times 3 = 9 \\ 4 \times 4 = 16 \\ \hline 7 \qquad 25 \end{array}$$

Or, la moitié de 25 est 12,50.

Dans 12, 50 nous aurons le carré de la demi-différence, c'est-à-dire le carré de la moitié de 1, c'est-à-dire $0,50 \times 0,50 = 0,2500$,

Puis le carré de la demi-somme, $3,50 \times 3,50$; c'est-à-dire $12,2500$; et la différence entre $0,2500$ et $12,2500$ sera 12, différence égale au produit des racines des 2 carrés primitifs 3 et 4, $3 \times 4 = 12$.

Enfin la somme des racines sera 4; $0,50 + 3,50 = 4$.

La loi trouve toujours son application, alors même que la somme donnée comporte 2 solutions.

Ainsi, le nombre 65 est d'une part la somme des carrés 1 et 64, et d'autre part, celle des carrés 16 et 49.

Dans le 1er cas, nous aurons par l'opération différentielle.

$$\text{Diff. } 7.\ \begin{array}{r} 1 \times 1 = 1 \\ \underline{8} \times 8 = \underline{64} \\ 9 \ 65 \end{array} \qquad \frac{65}{2} = 32,50$$

Demi-différence $= 3,50 \times 3,50 = 12,2500$ Diff. $= 8$.
Demi-somme $= 4,50 \times 4,50 = 20,2500$

Dans le 2e cas, nous aurons

$$\text{Diff. } 3.\ \begin{array}{r} 4 \times 4 = 16 \\ \underline{7} \times 7 = \underline{49} \\ 11 \ 65 \end{array}$$

Demi-différence $= 1,50 \times 1,50 = 2,2500$ Diff. 28.
Demi-somme $= 5,50 \times 5,50 = 30,2500$

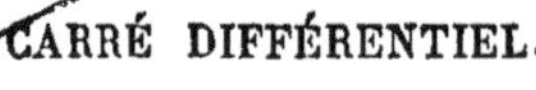

CARRÉ DIFFÉRENTIEL.

128. — Le double du produit de 2 n[illegible]s consécutifs diffère d'une unité en moins de la somme des carrés de ces 2 nombres.

$2 \times 3 = 6 \times 2 = 12$

$$\begin{array}{r} 2 \times 2 = 4 \\ 3 \times 3 = 9 \\ \hline 13 \end{array}$$

12 a une unité de moins que 13.

Partant de ce principe, pour trouver 3 carrés tels que le plus faible soustrait du plus fort donne le carré moyen, on procède de la manière suivante :

1° On prend 2 nombres consécutifs, et on élève leur somme au carré. On a ainsi le carré différentiel ;

2° On élève séparément chacun des 2 nombres au carré ; puis on fait le carré de leur somme ; on obtient ainsi le carré le plus fort.

3° De ce plus fort carré on soustrait le carré différentiel, et l'on obtient le carré moyen, carré dont la racine ne diffère que d'une unité de la racine du plus fort carré.

Ce carré moyen a pour racine le double du produit des 2 nombres pris pour base d'opération.

Soit les nombres 2 et 3.

Leur somme est 5. $5 \times 5 = 25$, carré différentiel

$$\begin{array}{r} 2 \times 2 = 4 \\ 3 \times 3 = 9 \\ \hline 13 \end{array} \qquad \begin{array}{r} 13 \times 13 = 169 \\ - \quad 25 \\ \hline 144 \end{array}$$

Ainsi 25 est le carré différentiel, racine 5 ; 144 est le carré moyen, racine 12 ; 12 est égal au double du produit de 2 et de 3 ; $2 \times 3 \times 2 = 12$. $144 + 25 = 169$, carré le plus fort, racine 13. 13 est la somme des carrés de 2 et de 3.

Questions relatives aux sommes des nombres impairs, des nombres pairs ; des cubes, des cubes impairs, des cubes pairs : pile triangulaire, pile carrée, pile rectangulaire.

129. — Somme des nombres impairs.

La somme des nombres impairs est égale au carré du dernier nombre pris pour base d'opération. Ainsi la somme des 10 premiers nombres pairs est 100.

Preuve :

$$\begin{array}{r} 1 \\ 3 \\ 5 \\ 7 \\ 9 \\ 11 \\ 13 \\ 15 \\ 17 \\ 19 \\ \hline 100 \end{array}$$

Par conséquent la somme des 100 1ers nombres impairs sera 10, 000, le carré de 100 étant 10, 000.

130. — 2° Somme des nombres pairs.

La somme des nombres pairs est égale au carré du dernier nombre pris pour base d'opération, plus la racine de ce carré.

Ainsi la somme des 10 1ers nombres pairs sera 110.

$$\begin{array}{r} 2 \\ 4 \\ 6 \\ 8 \\ 10 \\ 12 \\ 14 \\ 16 \\ 18 \\ 20 \\ \hline 110 \end{array}$$

Cela doit être, puisque 20, c'est-à-dire 10 nombres impairs et 10 nombres pairs, élevé au triangle donne

210; 100 pour les nombres impairs, partant 110 pour les nombres pairs.

Par conséquent la somme des 100 1ers nombres pairs sera 10,100; puisque 200 est la base triangulaire de 20,100; 10,000 pour les nombres impairs, et 10,100 pour les nombres pairs.

131. — Somme des cubes.

Le carré d'un nombre triangulaire, nous l'avons vu dans la table de Pythagore, donne la somme de tous les cubes, depuis 1 jusqu'au nombre inclusivement qui est pris pour base triangulaire.

Soit à trouver la somme des 10 premiers cubes.

Nous faisons le carré de 55, nombre triangulaire dont la base est 10, et nous avons la somme de tous les cubes depuis 1 jusqu'à 10 inclusivement, 3025.

132. — Somme des cubes impairs.

Pour avoir la somme des cubes impairs, à partir de l'unité, on double le nombre pris pour base d'opération. On fait le triangle de ce nombre doublé; on diminue ce triangle de la moitié de sa base. On fait le carré de ce triangle diminué de la moitié de sa base, on prend la moitié de ce carré; de cette moitié on retranche le carré de la moitié de la base du triangle, et l'on obtient le résultat demandé. Soit à trouver la somme des 5 premiers cubes impairs.

Vous opérez ainsi. $5 + 5 = 10$. 10 triangle 55.

55, moins la moitié de 10, ou $5 = 50$.

$$50 \times 50 = 2500 \text{ ; } 2500 \text{ ; } 2500 < 2 = 1250$$

Moins le carré de 5 qui est 25 — 25

Reste 1225.

Somme des 5 premiers cubes impairs.

Racines.	Cubes.
1	1
3	27
5	125
7	343
9	729
	1225

133. — Somme des cubes pairs.

Dès lors, pour avoir la somme des cubes pairs, l'opération précédente étant faite, il suffit de retrancher du carré du triangle la somme des cubes impairs, le reste est la somme des cubes pairs.

Le carré du triangle base 10, c'est-à-dire 55, nous donne 3025. De ce nombre retranchant 1225, il nous reste 1800 pour la somme des cubes pairs.

Signalons encore une autre loi qui permet facilement d'obtenir la somme des cubes.

134. — Le produit de 2 carrés consécutifs divisé par 4, donne la somme des cubes depuis 1 jusqu'à la racine inclusivement du plus faible carré.

Soit à trouver par ce moyen la somme des 10 premiers cubes.

Nous dirons $100 \times 121 = \frac{12100}{4} = 3025$

135. — Somme des nombres pyramidaux.

Pour avoir la somme des nombres pyramidaux, on procède d'après le principe émis dans le triangle arithmétique, à savoir que le dernier terme d'un ordre quelconque est la somme générale de l'ordre précédent.

Soit à trouver la somme des 9 1ers nombres pyramidaux.

Pour obtenir cette somme, nous élevons 9 en nombre pyramido-pyramidal, c'est-à-dire que nous faisons le produit de 9, 10, 11, 12, et nous divisons le tout par 24. Nous avons ainsi :

$$\frac{9 \times 10 \times 11 \times 12}{24} = 495,$$ somme des 9 premiers nombres pyramidaux.

Pile triangulaire.

136. — La pile triangulaire est la somme des nombres triangulaires, consécutifs, à partir de l'unité.

Or, on obtient la somme des nombres triangulaires en élevant un nombre donné à l'état de nombre pyramidal, c'est-à-dire en le multipliant par le produit des 2 nombres suivants, et en divisant le tout par 6. C'est en vertu du principe général que nous avons appliqué dans la formation du triangle arithmétique.

Soit à trouver la somme des 10 premiers nombres triangulaires.

Notre opération se réduit à ceci :

$$\frac{10 \times 11 \times 12}{6} = 220.$$

Le nombre 220 est la somme des 10 premiers nombres triangulaires. Et en effet.

	Δ
1 ...	1
2 ...	3
3 =	6
4 =	10
5 =	15
6 =	21
7 =	28
8 =	36
9 =	45
10 =	55
	220

Si donc on avait 220 objets à mettre en pile triangulaire, soit des gerbes, des fagots, des pavés, des boulets, des jetons, on aurait à la base de la pile le nombre 10, et au haut l'unité.

137. — Si le nombre d'objets à mettre en pile triangulaire est seul donné, et qu'on veuille savoir quelle sera la base de la pile, on obtiendra le résultat demandé par une opération des plus simplifiées.

On multipliera le nombre donné par 6; et de ce nombre on extraira la racine cubique. La racine du plus haut cube contenu dans le nombre multiplié par 6, donnera infailliblement la base de la pile.

Soit à résoudre le problème suivant :

On a 220 boulets à mettre en pile triangulaire.

On demande quelle devra être la base de la pile.

Nous disons :

$$220 \times 6 = 1320.$$

Or, le plus haut cube contenu dans le nombre 1320 est celui de 10.

$10 \times 10 \times 10 = 1000.$

Donc la base de la pile sera 10, ce qui est en effet.

On remarquera qu'en agissant ainsi, on ne sera jamais débordé, parce qu'il manquera *toujours* au nombre donné et multiplié par 6, la racine cubique du nombre suivant.

Ainsi, le nombre 220 multiplié par 6 nous donne 1320.

Le plus haut cube contenu dans ce nombre est celui qui a pour racine 10, c'est-à-dire 1,000.

A 1320 ajoutez la racine du cube suivant, et vous aurez le cube de 11. Car, $1320 + 11 = 1331$, cube dont la racine est 11.

Nous faisons cette remarque pour tirer la conclusion suivante :

Le problème de la pile triangulaire se réduit, dans le 1er cas, à trois multiplications et à une division ; et dans le 2e cas, à une multiplication et à une extraction de racine cubique ; opérations connues des enfants de nos écoles primaires.

SOMME DES NOMBRES TRIANGULAIRES A BASE IMPAIRE ; SOMME DES NOMBRES TRIANGULAIRES A BASE PAIRE.

138. — Pour avoir, à partir de l'unité, la somme des nombres triangulaires à base impaire, d'une part, et celle des nombres triangulaires à base paire, d'autre part ; nous procédons comme il suit :

1° Nous faisons la somme générale des nombres triangulaires consécutifs, en procédant comme il a été dit plus haut

2° Nous partageons cette somme en 2.

3° Si nous voulons obtenir la somme des triangles à base impaire, nous retranchons de la moitié de la somme générale, la valeur du triangle ayant pour côté la moitié du nombre choisi comme base d'opération ;

4° Si nous voulons obtenir la somme des triangles à base paire, nous ajoutons à la moitié de la somme générale, la valeur du triangle ayant pour côté la moitié du nombre choisi pour base d'opération.

Soit à trouver la somme des 10 1ers triangles à base impaire, et ensuite celle des 10 1ers triangles à base paire.

Nous opérons comme il suit :

1° $\frac{20 \times 21 \times 22}{6} = 1540$, somme totale des 20 premiers nombres triangulaires.

2° $\frac{1540}{2} = 770$.

3° 770 Moins le triangle de la moitié de 20, c'est-à-dire moins le triangle de 10 qui est 55 ; 770 — 55 = 715.

715 est la somme des 10 1ers triangles à base impaire.

4° 750 + 57 = 825, somme des 10 1ers triangles à base paire.

PILE CARRÉE.

139. — La pile carrée est la somme des carrés à partir du carré de l'unité jusqu'à celui qu'on a choisi pour base de l'opération.

Pour obtenir la pile carrée, ou si l'on veut, la somme des carrés, on élève en nombre pyramidal le nombre choisi pour base d'opération ; on double le résultat obtenu, mais on retranche de ce résultat le triangle ayant pour côté le nombre pris pour base d'opération.

Soit à former une pile carrée ayant 10 de côte.

Nous avons l'opération suivante :

1° $\frac{10 \times 11 \times 12}{6} = 220$.

2° 220 + 220 = 440

3° de 440, nous retranchons le Δ ayant 10 de côté = 55.

D'où 440 — 55 = 385.

Or, 385 est la somme exacte des 10 premiers carrés.

$$\begin{array}{r} 1 \\ 4 \\ 9 \\ 16 \\ 25 \\ 36 \\ 49 \\ 64 \\ 81 \\ 100 \\ \hline 385 \end{array}$$

140. — Si le nombre d'objets à mettre en pile carrée est seul donné, et qu'on veuille avoir le côté de la pile à former, en procède comme il suit :

1° Si le nombre est impair, on prend sa plus haute ou sa plus faible moitié, peu importe; on multiplie cette moitié par 6. Du produit obtenu on extrait la racine cubique; la racine du plus haut cube contenu dans le produit est le côté de la pile qu'on a à former.

Soit à trouver le côté d'une pile carrée comprenant 385 boulets.

Nous opérons comme il suit :

1° $\frac{385}{2} = 193$, plus haute moitié de 385.

2° $193 \times 6 = 1158$.

3° Le plus haut cube contenu dans 1158 est 1000 dont la racine est 10. 10 sera donc la base ou le côté de la pile carrée à former.

D'où cette conclusion :

Le problème de la pile carrée se réduit, comme celui de la pile triangulaire, à de simples opérations arithmétiques et à l'extraction de la racine cubique.

SOMME DES CARRÉS IMPAIRS ; SOMME DES CARRÉS PAIRS.

141. — Pour obtenir la somme des carrés impairs, on prend le double moins 1 du nombre qu'on a choisi pour base d'opération. On élève en nombre pyramidal ce nombre doublé moins 1. Le résultat de l'opération donne la somme des carrés impairs.

Soit à trouver la somme des 5 premiers carrés impairs.

Nous disons :

$$5 + 5 = 10. \quad 10 - 1 = 9.$$

C'est donc 9 à élever en nombre pyramidal.

Nous avons dès lors :

$$\frac{9 \times 10 \times 11}{6} = 165.$$

Or, 165 est la somme des 5 premiers carrés impairs.

$$\begin{array}{r} 1 \times 1 = 1 \\ 3 \times 3 = 9 \\ 5 \times 5 = 25 \\ 7 \times 7 = 49 \\ 9 \times 9 = 81 \\ \hline 165 \end{array}$$

142. — Pour obtenir la somme des carrés pairs, on double le nombre choisi pour base d'opération.

On élève ce nombre doublé en nombre pyramidal, et le résultat obtenu est la somme demandée.

Soit à trouver la somme des 5 premiers carrés pairs.

Vous doublez le nombre 5.

$$5 + 5 = 10.$$

Vous élevez 10 en nombre pyramidal.

$\frac{10 \times 11 \times 12}{6} = 220.$ = Somme des 5 premiers carrés pairs.

$$\begin{aligned} 2 \times 2 &= 4 \\ 4 \times 4 &= 16 \\ 6 \times 6 &= 36 \\ 8 \times 8 &= 64 \\ 10 \times 10 &= 100 \\ \hline & \quad 220 \end{aligned}$$

Pile rectangulaire.

143. — On entend par pile rectangulaire un ensemble d'objets disposés comme dans la pile carrée, à l'exception toutefois que les côtés de la pile sont inégaux.

Soit à résoudre le problème suivant :

Une pile de boulets rectangulaire a 5 sur 8. Quel nombre de boulets contient-elle?

Pour résoudre ce problème, nous considérons la pile rectangulaire comme la pile carrée, mais à laquelle il faut ajouter 1 fois, 2 fois, 3 fois, 4 fois, etc. le triangle ayant pour côté le côté de la pile carrée, selon le nombre d'unités que contient la différence qu'il y a entre les 2 côtés de la pile carrée.

Ici, dans ce problème, les 2 côtés sont 5 et 8 ; et la différence entre 5 et 8 est 3.

Après avoir fait le compte de la pile carrée dont le côté est 5, nous ajouterons 3 fois le triangle ayant 5 de côté ; c'est-à-dire 3 fois 15 ou 45.

Nous aurons donc comme solution :

1° Pile carrée de 5 de côté.

$$\frac{5 \times 6 \times 7}{6} = 35. \quad 35 + 35 = 70$$

$$- 15$$

reste $= 55$ pile carrée de 5.

2° A la pile carrée de 5 nous ajoutons 3 fois le triangle dont le côté est 5, c'est-à-dire 45; 45 + 55 = 100, nombre exact de la pile rectangulaire de 5 sur 8.

CHAPITRE ADDITIONNEL

NOMBRES PENTAGONAUX.

AUTRE MANIÈRE DE LES FORMER.

La série des nombres triangulaires multipliés par leurs bases respectives donne une série de produits.

Or, les différences entre ces produits forment la série des nombres pentagonaux.

Bases.		Triangles.		Produits.	Pentagones.
1	×	1	=	1	
					5
2	×	3	=	6	
					12
3	×	6	=	18	
					22
4	×	10	=	40	
					35
5	×	15	=	75	
					51
6	×	21	=	126	
					70
7	×	28	=	196	

etc., etc.

MOYEN D'OBTENIR LA SOMME DES NOMBRES PENTAGONAUX.

Cette loi différentielle nous fournit le moyen d'obtenir, par une opération très-simple, la somme de tous les nombres pentagonaux à partir de 5, 1er pentagone effectif, jusqu'au nombre le plus élevé.

Pour cela il suffit de prendre comme base d'opération le nombre qui suit immédiatement tous ceux dont on veut avoir la somme pentagonale. On multiplie ce nombre par son triangle ; on retranche l'unité du produit obtenu, et l'on obtient ainsi la somme de tous les pentagones qui précèdent ce nombre.

Soit à trouver la somme des 6 premiers nombres pentagonaux.

Nous prenons 7 pour base d'opération. Nous le multiplions par son triangle 28 ; nous avons 196. De 196 nous retranchons l'unité ; il nous reste 195, somme exacte des 6 premiers nombres pentagonaux.

Preuve :

$$
\begin{array}{r}
5 \\
12 \\
22 \\
35 \\
51 \\
70 \\
\hline
195
\end{array}
$$

DÉCOMPOSITION DES NOMBRES EN TRIANGLES ET EN CARRÉS.

Nous avons indiqué comment les puissances et les différences des nombres consécutifs peuvent se décomposer en triangles et en carrés.

8.

Les nombres non consécutifs se prêtent également à cette décomposition. Nous en indiquerons les divers moyens dans notre seconde partie, et nous montrerons que dans les puissances impaires les *sommes* aussi bien que que les *différences* sont facilement décomposables en carrés, et partant en triangles.

TABLE DE PYTHAGORE.

A ce que nous avons déjà dit sur ce sujet, nous ajouterons ce qui suit :

RAPPORT DU TRIANGLE AU CARRÉ.

Nous avons dit que la table de Pythagore contenait dans son ensemble une somme de 2025 unités. Ce nombre 2025 est un carré dont la racine est 45 et 45 est un nombre triangulaire dont la base est 9.

Or, ce rapport du triangle au carré se trouve répété 9 fois dans la table de Pythagore, parce que cette table contient 9 carrés de chiffres, en comptant l'unité pour un carré.

Le 2e carré est celui-ci.

1	2
2	4

Nous avons dans ce carré le triangle 3, composé de la somme $1 + 2$. Ce triangle 3 élevé au carré nous donne 9. 9 est la somme des unités du carré :

$$1 + 2 + 2 + 4 = 9.$$

Il en sera de même pour tous les autres carrés partiels détachés du carré général. Ainsi, dans le carré qui suit nous trouverons les mêmes rapports.

1	2	3
2	4	6
3	6	9

Nous avons $1 + 2 + 3 = 6$. 6 triangle, qui, élevé au carré, nous donne 36. Or, 36 est la somme des unités de ce carré.

$$1 + 2 + 3 + 2 + 4 + 6 + 3 + 6 + 9 = 36.$$

NOMBREUSES MANIÈRES DE FORMER DES CARRÉS AVEC LA TABLE DE PYTHAGORE. COMMENT ON TROUVE IMMÉDIATEMENT LES RACINES DE CES CARRÉS.

1° Les produits des nombres de la 1re et de la 4e colonnes forment des carrés, et leurs racines sont les nombres correspondants de la 2e colonne.

		Racine
$1 \times 4 =$	4	2
$2 \times 8 =$	16	4
$3 \times 12 =$	36	6
$4 \times 16 =$	64	8
$5 \times 20 =$	100	10
$6 \times 24 =$	144	12
$7 \times 28 =$	196	14
$8 \times 32 =$	256	16
$9 \times 36 =$	324	18

2° Les produits des nombres de la 4e et de la 9e colonnes forment des carrés, et leurs racines sont les nombres correspondants de la 6e colonne.

4 × 9 =	36	Racine 6
8 × 18 =	144	12
12 × 27 =	324	18
16 × 36 =	576	24
20 × 45 =	900	30
24 × 54 =	1296	36
28 × 63 =	1764	42
32 × 72 =	2304	48
36 × 81 =	2916	54

3° Les produits des nombres de la 1re et de la 9e colonnes forment des carrés, et leur racines sont les nombres correspondants de la 3e colonne.

1 × 9 =	9	Racine 3
2 × 18 =	36	6
3 × 27 =	81	9
4 × 36 =	144	12
5 × 45 =	225	15
6 × 54 =	324	18
7 × 63 =	441	21
8 × 72 =	576	24
9 × 81 =	729	27

En prenant deux colonnes impaires consécutives, et en ajoutant à chaque produit le carré correspondant de la série des carrés, on obtient une série de carrés pairs. Les racines de ces carrés sont les nombres correspondants de la colonne paire intermédiaire.

Première et troisième colonnes.

1 × 3 + 1 =	4,	racine 2
2 × 6 + 4 =	16	4
3 × 9 + 9 =	36	6
4 × 12 + 16 =	64	8
5 × 15 + 25 =	100	10
6 × 18 + 36 =	144	12
7 × 21 + 49 =	196	14
8 × 24 + 64 =	256	16
9 × 27 + 81 =	324	18

Mêmes procédés à suivre pour les 3e et 5e, les 5e et 7e, les 7e et 9e colonnes.

En prenant deux colonnes paires consécutives, et en ajoutant à chaque produit le carré correspondant de la série des carrés, on obtient une série de carrés alternativement impairs et pairs. Les racines de ces carrés sont les nombres correspondants de la colonne impaire intermédiaire.

Soit les colonnes 2 et 4.

$$
\begin{array}{rcrcrcrl r}
2 & \times & 4 & + & 1 & = & 9, & \text{racine} & 3 \\
4 & \times & 8 & + & 4 & = & 36 & & 6 \\
6 & \times & 12 & + & 9 & = & 81 & & 9 \\
8 & \times & 16 & + & 16 & = & 144 & & 12 \\
10 & \times & 20 & + & 25 & = & 225 & & 15 \\
12 & \times & 24 & + & 36 & = & 324 & & 18 \\
14 & \times & 28 & + & 49 & = & 441 & & 21 \\
16 & \times & 32 & + & 64 & = & 576 & & 24 \\
18 & \times & 36 & + & 81 & = & 729 & & 27
\end{array}
$$

Mêmes procédés à suivre pour les 4e et 6e, 6e et 8e colonnes.

CARRÉS COMPOSÉS DE DEUX CARRÉS.

Nous avons déjà signalé une loi dont nous verrons toute la portée dans le calcul des puissances, à savoir que « quatre fois le produit de deux nombres, plus le carré de leur différence, égalent le carré de leur somme. »

Or, soumis à cette loi, les produits de la 1re et de la 4e colonne, de la 4e et de la 9e, de la 1re et de la 9e, vont nous donner des carrés composés de deux carrés.

1 × 4 = 4.	4 × 4 = 16	+ 9	carré de la diff. =	25 R.	
2 × 8 = 16.	16 × 4 = 64	+ 36	id.	100	1
3 × 12 = 36.	36 × 4 = 144	+ 81	id.	225	1
4 × 16 = 64.	64 × 4 = 256	+ 144	id.	400	2
5 × 20 = 100.	100 × 4 = 400	+ 225	id.	625	2
6 × 24 = 144.	144 × 4 = 576	+ 324	id.	900	3
7 × 28 = 196.	196 × 4 = 784	+ 441	id.	1225	3
8 × 32 = 256.	256 × 4 = 1024	+ 576	id.	1600	4
9 × 36 = 324.	324 × 4 = 1296	+ 729	id.	2025	4

Mêmes procédés à suivre pour les 4ᵉ et 9ᵉ, les 1ʳᵉ et 9ᵉ colonnes.

CARRÉS DIFFÉRENTIELS.

Nons avons déjà dit, d'après Ozanam, comment on obtient les carrés différentiels.

Pythagore, dans sa table, nous offre un moyen plus simple et plus rapide d'arriver au même résultat. Ce moyen, le voici :

On prend deux carrés consécutifs ; on les soumet à la loi que nous venons de rappeler à l'instant, et on obtient ainsi trois carrés. Le plus faible est celui de la différence, le carré différentiel ; le moyen est le produit des 2 carrés multipliés par 4, et le plus fort est la somme des 2 carrés ainsi obtenus.

1 × 4 = 4. 4 × 4 = 16. 16 + 9 = 25
4 × 9 = 36. 36 × 4 = 144. 144 + 25 = 169
9 × 16 = 144. 144 × 4 = 576. 576 + 49 = 625, etc.

Nota — Le carré différentiel est toujours un carré impair, ainsi que le carré *sommatoire*, c'est-à-dire celui qui est la somme des 2 autres. La racine de chaque carré sommatoire est la somme de 2 carrés consécutifs.

Ainsi 25, racine 5. 5 est la somme des carrés 1 et 4 ; 169, racine 13. 13 est la somme des carrés 4 et 9.

Carrés cubico-triangulaires.

Un nombre triangulaire élevé au carré, plus le cube ayant pour racine la base du triangle suivant forme un carré.

Nous donnons à ce carré ainsi formé le nom de carré cubico-triangulaire, parce qu'il se compose d'un carré et d'un cube, et que sa racine est un triangle.

Triangles.	Carrés.	Cubes.	Carrés.	Racines-triangles.
1 × 1 =	1 +	8 =	9	3
3 × 3 =	9 +	27 =	36	6
6 × 6 =	36 +	64 =	100	10
10 × 10 =	100 +	125 =	225	15, etc.

Nous remarquerons ici :

1° Que les différences entre les carrés 1.9.36.100, etc., sont la série des cubes à partir de 8, c'est-à-dire 8, 27, 64, etc.

2° Que la somme de 2 carrés cubico-triangulaires consécutifs forme un nouveau triangle ayant pour base le carré de la base du 2e nombre triangulaire correspondant :

9 + 36 =	45, tr. base	9, racine	3 base du tr.	6
36 + 100 =	136	16	4	10
100 + 225 =	325	25	5	15

AUTRE MOYEN D'OBTENIR COMME CUBES DIFFÉRENTIELS LA SÉRIE DES CUBES PAIRS.

Les produits de 2 carrés consécutifs étant doublés, et ces produits doublés étant diminués de l'Unité, donnent une série de nombres tels que leurs différences forment la série des cubes pairs, à partir du cube 64.

		Différences, cubes, pairs.
$1 \times 4 \times 2 - 1 =$	7	
		64
$4 \times 9 \times 2 - 1 =$	71	
		216
$9 \times 16 \times 2 - 1 =$	287	
		512
$16 \times 25 \times 2 - 1 =$	799	
		1000
$25 \times 36 \times 2 - 1 =$	1799	
	etc., etc.	

Nous remarquerons ici que la différence entre les cubes pairs, à partir de 8, 1er cube pair, est constamment divisible par 8, et que le résultat de cette division donne la différence entre 2 cubes consécutifs. Nouvelle preuve que le cube 8 gouverne tous les cubes pairs.

Différences :

8
56 ⩽ 8 = 7, différ. entre les cubes 1 et 8.
64
152 ⩽ 8 = 19, id. 8 et 27.
216
296 ⩽ 8 = 37, id. 27 et 64.
512
488 ⩽ 8 = 61, id. 64 et 125.
1000

Nombres triangulaires et carrés.

Nous avons dit que ces nombres s'obtiennent par le produit de 2 carrés premiers entre eux, c'est-à-dire lorsque le 1er est la moitié moins 1 ou la moitié plus 1 du second.

Ceci est encore écrit dans la table de Pythagore. Nous y trouvons d'abord les carrés 4 et 9 qui sont premiers entre eux ; 4 étant la moitié moins 1 de 9 ; et ensuite 25 et 49 ; 25 étant la moitié plus 1 de 49.

D'où : $4 \times 9 = 36$, 1er nombre triang. et carré.
et $25 \times 49 = 1225$, 2e nombre triang. et carré.

LA TABLE DE PYTHAGORE ET LES CUBES.

Pour trouver la série des cubes dans la table de Pythagore, il suffit de prendre les nombres en équerre en partant de haut en bas, et en revenant de droite à gauche.

De même qu'il y a dans la table 9 carrés de nombres, de même il y a neuf équerres de nombres, y compris l'unité qui doit compter pour un cube, comme elle compte pour un carré. La somme de chaque équerre donne le cube du 1er nombre de l'équerre.

Deuxième équerre :

```
  2 =  8, cube de 2
  |
2—4
```

Troisième équerre :

```
    3 = 27, cube de 3
    |
    6
    |
3—6—9
```

Quatrième équerre :

```
          4 =  64, cube de 4
          |
          8
          |
         12
          |
4. 8. 12 16
```

Cinquième équerre :

```
             5 = 125 cube de 5
            10
            15
            20
5. 10. 15. 20. 25
```

Sixième équerre :

```
                 6 = 216, cube de 6
                12
                18
                24
                30
6. 12. 18. 24. 30. 36
```

Septième équerre :

```
                     7 = 343, cube de 7
                    14
                    21
                    28
                    35
                    42
7. 14. 21. 28. 35. 42. 49
```

Huitième équerre :

```
                8 = 512, cube de 8
               16
               24
               32
               40
               48
               56
8. 16. 24. 32. 40. 48. 56. 64
```

Neuvième équerre :

```
                    9 = 729, cube de 9
                   18
                   27
                   36
                   45
                   54
                   63
                   72
9. 18. 27. 36. 45. 54. 63. 72. 81
```

LES CARRÉS OBTENUS AVEC L'ÉQUERRE.

Nous venons de voir qu'en prenant en équerre les nombres de la table de Pythagore, on obtient, par l'addition, la série des cubes.

Or, les mêmes nombres multipliés les uns par les autres nous donnent des carrés.

Ils donnent des carrés, parce qu'ils sont toujours en quantité impaire, que les quantités paires multipliées les unes par les autres donnent nécessairement des carrés, et que ces carrés ainsi obtenus sont en dernier lieu multipliés par le carré qui se trouve toujours à la base de l'équerre.

Deuxième équerre :

2	$2 \times 2 =$	4
		$\times$
2—4		4
		16

Troisième équerre.

3	$3 \times 3 =$	9
		$\times$
6	$6 \times 6 =$	36
		$\times$
3. 6. 9		9
Or, $9 \times 36 \times 9 =$		2916

Quatrième équerre :

4	$4 \times 4 =$	16
		$\times$
8	$8 \times 8 =$	64
		$\times$
12	$12 \times 12 =$	144
		$\times$
4. 8. 12. 16		16
Or, $16 \times 64 \times 144 \times 16 =$		2.359.296

Pour les autres équerres, on suivra le même procédé, et on obtiendra des carrés d'une grande élévation.

AUTRES CARRÉS OBTENUS PAR LA TABLE DE PYTHAGORE.

Nous venons de voir que les Diagonales des nombres de la table de Pythagore, en allant de gauche à droite en montant, ou de droite à gauche en descendant forment les nombres pyramidaux.

Or, en multipliant les uns par les autres les nombres de chacune de ces Diagonales on obtient des carrés, et ces carrés ont pour racines la grande progression 1. 6. 24. 120. 720. 5040, c'est-à-dire tous les nombres naturels multipliés les uns par les autres $1 \times 1 = 1$; $1 \times 2 = 2$; $2 \times 3 = 6$; $6 \times 4 = 24$, $24 \times 5 = 120$; $120 \times 6 = 720$; $720 \times 7 = 5040$. etc., etc.

La première Diagonale est celle de l'unité.

Nous aurons donc $1 \times 1 = 1$, 1er carré.

La 2e est 2. 2.

Nous aurons donc $2 \times 2 = 4$, 2e carré.

La 3e est 3. 4. 3.

Nous aurons donc $3 \times 4 \times 3 = 36$, 3e carré.

D'où le tableau suivant :

Produit des nombres naturels.		
1	$1 \times 1 =$	1
2	$2 \times 2 =$	4
6	$3 \times 4 \times 3 =$	36
24	$4 \times 6 \times 6 \times 4 =$	576
120	$5 \times 8 \times 9 \times 8 \times 5 =$	14400, etc.

Remarquons que ceci équivaut encore aux produits que donne la série des carrés, lorsqu'on multiplie 2 carrés consécutifs l'un par l'autre, et leur produit par le carré suivant, pris dans l'ordre de la série.

$$
\begin{aligned}
1 \times 1 &= 1 \\
1 \times 4 &= 4 \\
4 \times 9 &= 36 \\
36 \times 16 &= 576 \\
576 \times 25 &= 14400, \text{ etc., etc.}
\end{aligned}
$$

CHAPITRE SPÉCIAL

§ I.

Pascal en face de la table de Pythagore.

Nous avons déjà indiqué trois moyens de former le triangle arithmétique de Pascal avec les nombres qui figurent dans la Table de Pythagore.

On pourrait croire jusqu'à un certain point, que ces moyens indiqués sont des moyens factices, et que nous avons voulu faire dire à la Table de Pythagore plus qu'elle ne dit en réalité.

Eh bien ! nous voulons démontrer qu'il n'y a rien d'arbitraire ni d'artificiel dans ce que nous avons dit sur ce sujet, car il y a une 4e manière de lire la Table de Pythagore. Pascal ne l'a certainement pas ignorée, et cette manière de lire lui a permis de composer son Triangle.

S'appuyant sur ce principe qu'un carré arithmétique se divise en 2 triangles ne différant entre eux que d'une unité à la base, Pascal a partagé la Table de Pythagore en 2 triangles inégaux. Il a conservé le plus grand triangle qui suit :

1.	2.	3.	4.	5.	6.	7.	8.	9.
2.	4.	6.	8.	10.	12.	14.	16.	
3.	6.	9.	12.	15.	18.	21.		
4.	8.	12.	16.	20.	24.			
5.	10.	15.	20.	25.				
6.	12.	18.	24.					
7.	14.	21.						
8.	16.							
9.								

Prenant la colonne des nombres naturels, soit en sens vertical, soit en sens horizontal, il a obtenu par l'addition du nombre précédent avec le nombre suivant, puis de cette somme et du nombre suivant la série des nombres triangulaires. Il a dit :

$$
\begin{aligned}
1 &= 1 \\
1 + 2 &= 3 \\
3 + 3 &= 6 \\
6 + 4 &= 10 \\
10 + 5 &= 15 \\
15 + 6 &= 21 \\
21 + 7 &= 28 \\
28 + 8 &= 36 \\
36 + 9 &= 45
\end{aligned}
$$

Pour les nombres de l'ordre suivant, c'est-à-dire pour les nombres pyramidaux, il a lu en diagonale, allant de gauche à droite en montant, ou de droite à gauche en descendant, comme il suit :

1.	2.	3.	4.	5.
2.	4.	6.	8.	
3.	6.	9.		
4.	8.			
5.				

Il a dit :

$$
\begin{aligned}
1 &= 1 \\
2 + 2 &= 4 \\
3 + 4 + 3 &= 10 \\
4 + 6 + 6 + 4 &= 20 \\
5 + 8 + 9 + 8 + 5 &= 35, \text{ etc.}
\end{aligned}
$$

Continuant d'user du même procédé, et en *entassant* pour ainsi dire, les nombres les uns sur les autres par l'addition, il a dit pour les nombres pyramido-pyramidaux.

$$
\begin{aligned}
1 &= 1 \\
1 + 2 + 2 &= 5 \\
1 + 2 + 2 + 3 + 4 + 3 &= 15 \\
1 + 2 + 2 + 3 + 4 + 3 + 4 + 6 + 6 + 4 &= 35
\end{aligned}
$$

Puis procédant toujours de la même manière, il a obtenu tour à tour les nombres de tous les ordres qui figurent dans son triangle.

Il est donc constant, et pour le nier, il faudrait se refuser à l'évidence, que Pascal a copié la Table de Pythagore.

Ce qui n'est pas moins certain, c'est que la Table de Pythagore est de beaucoup supérieure au triangle de Pascal ; le triangle arithmétique ne répond qu'à un ordre d'idées, tandis que la formule pythagoricienne embrasse l'ensemble des lois des nombres.

§ II.

Le Binôme de Newton en face du Triangle de Pascal et de la Table de Pythagore.

Dans tous les Traités d'Algèbre, on fait admirer, et à bon droit, toute la science renfermée dans la formule algébrique connue sous le nom de Binôme de Newton.

Parmi les nombreuses démonstrations que l'on donne de cette formule, celle qui est fondée sur la théorie des combinaisons, paraît, dit-on, la plus élémentaire, et partant elle est la plus généralement adoptée.

Nous n'avons nullement la prétention de contredire à la manière de voir des Algébristes, mais il nous semble que plus les démonstrations sont simples, plus elles sont vraies et facilement saisissables. Nous allons donc essayer, en nous appuyant sur les lois des nombres, de présenter une démonstration du Binôme de Newton.

§ III.

Démonstration du Triangle de Newton.

Le Binôme de Newton est avant tout et par dessus tout un triangle, et un triangle identique à celui de Pascal. La seule différence qui existe entre ces deux formules, c'est que l'une ne contient que des chiffres, tandis que l'autre a des chiffres et des lettres.

La comparaison de ces deux formules placées l'une au-dessous de l'autre va mieux nous faire saisir cette identité de relation.

1° TRIANGLE ALGÉBRIQUE DE NEWTON.

1er terme x.	Nombres naturels. 1re puissance.	Nombres triangulaires. 2e puis.	Nombres pyramidaux. 3e puis.	Nombres pyramido-pyramidaux. 4e puis.	Nombres pyr. pyr. pyr. 5e puis.	Nombres pyr. pyr. pyr. pyr. 6e puis.
1° x	$+ 1\, a$					
x^2	$+ 2\, ax$	$+ 1\, a^2$				
x^3	$+ 3\, ax^2$	$+ 3\, a^2x$	$+ 1\, a^3$			
a^4	$+ 4\, ax^3$	$+ 6\, a^2x^2$	$+ 4\, a^3x$	$+ a^4$		
x^5	$+ 5\, ax^4$	$+ 10\, a^2x^3$	$+ 10\, a^3x^2$	$+ 5\, a^4x$	$+ a^5$	
x^6	$+ 6\, ax^5$	$+ 15\, a^2x^4$	$+ 20\, a^3x^3$	$+ 15\, a^4x^2$	$+ 6\, a^5x$	$+ a^6$

2° TRIANGLE ARITHMÉTIQUE DE PASCAL.

2°	1	1					
	1	2	1				
	1	3	3	1			
	1	4	6	4	1		
	1	5	10	10	5	1	
	1	6	15	20	15	6	1

Essayons maintenant de lire le Triangle de Newton, comme nous avons lu la Table de Pythagore et le triangle de Pascal.

Cette lecture sera la meilleure des démonstrations. Elle permet (nous en avons fait l'expérience) à des enfants de 12 ans, de saisir immédiatement la marche du binôme et de le composer eux-mêmes.

Le Triangle de Newton doit donc être lu :

1° En sens Vertical ;
2° En sens Diagonal ;
3° En sens Horizontal ;

1° En sens Vertical.

La première colonne contient le terme x successivement élevé à toutes les puissances.

La deuxième colonne contient :

1° Les coefficients du deuxième terme a. La série de ces coefficients est la suite des nombres naturels. 1. 2. 3. 4. 5. 6 etc.

Cette série correspond à la première puissance des nombres.

2° Dans cette série, à côté du terme a, nous voyons apparaître le terme x, mais seulement à la deuxième puissance.

Pourquoi? Parce que les deux termes x et a marchent en sens inverse, et à mesure que a avance d'un degré de puissance, x recule d'un même degré de puissance.

Cette remarque s'appliquant aux colonnes suivantes, nous ne la répéterons pas.

La troisième colonne contient les coefficients de a. La série de ces coefficients est la suite des nombres triangulaires 1. 3. 6. 10. 15. etc.

Cette suite des nombres triangulaires correspond à la deuxième puissance des nombres.

La quatrième colonne contient les coefficients de a. Ces coefficients sont la suite des nombres pyramidaux, 1. 4. 10. 20 etc.

Cette série des nombres pyramidaux correspond à la troisième puissance des nombres.

La cinquième colonne contient les coefficients de *a*. Ces coefficients sont la suite des nombres pyramido-pyramidaux. 1. 5. 15. etc., etc. Cette série correspond à la quatrième puissance des nombres.

La sixième colonne contient les coefficients de *a*. Ces coefficients sont la suite des nombres pyramido-pyramido-pyramidaux 1, 6. etc.

Cette série correspond à la cinquième puissance des nombres.

La septième colonne contient les coefficients de *a*. Ces coefficients sont la suite des nombres pyramido-pyramido-pyramido-pyramidaux 1. 7. 21. etc. Cette série correspond à la sixième puissance des nombres.

§ IV.

En sens Diagonal.

La première colonne, en sens diagonal, contient le terme *a* élevé successivement à toutes les puissances.

La deuxième colonne contient les coefficients de *a* successivement élevé à toutes ses puissances.

Ces coefficients sont la suite des nombres naturels. 1. 2. 3. 4. 5. 6 etc.

La troisième colonne contient les coefficients de *a*. Ces coefficients sont la suite des nombres triangulaires 1. 3. 6. 10. 15 etc.

La quatrième colonne contient les coefficients de *a*. Ces coefficients sont la suite des nombres pyramidaux 1. 4. 10. 20 etc.

La cinquième contient les coefficients de *a*. Ces coefficients sont la suite des nombres pyramido-pyramidaux 1. 5. 15.

La sixième colonne contient les coefficients de a. Ces coefficients sont la suite des nombres pyramido-pyramido-pyramidaux 1. 6.

§ V.

En sens horizontal.

La première rangée (qu'on nous passe cette expression) contient l'énoncé des 2 termes : $x + a$. Ce sont les 2 termes à la première puissance, c'est-à-dire à leur état primitif.

Entre ces 2 termes $x + a$, nous n'avons pas de produit intermédiaire.

La deuxième rangée contient 3 termes, les 2 termes x et a élevés au carré, à la deuxième puissance, plus un produit intermédiaire, $+ 2ax$.

Pourquoi un produit intermédiaire, pourquoi 3 termes à la deuxième puissance? Parce que de 1, de la première puissance, à 2, à la deuxième puissance, la différence est 1. Nous avons donc un produit, et ce produit est $2ax$, parce que 2 est le 2e terme dans la série des nombres naturels, voilà aussi pourquoi l'exposant de x est 2.

La troisième rangée contient dans son développement 4 termes, x et a à leur troisième puissance, puis 2 autres produits intermédiaires $3a^2x$, et pour exposant 2. Le coefficient de $3ax^2$ est 3, parce que 3 est le 3e terme de la série de nombres naturels.

Le deuxième produit intermédiaire est $+ 3a^2x$.

Le coefficient ici est 3, parce que 3 est le 2e nombre de la série des nombres triangulaires.

L'exposant est 2, puisque, d'une part, nous entrons ici dans la deuxième puissance, et que d'autre part, l'exposant 2 du terme a est toujours inséparable d'un coefficient qui est constamment un nombre triangulaire.

Enfin, dans ce 2e produit $+ 3a^2x$, le terme x n'a plus pour exposant que l'unité, parce que nous avons reculé d'un degré.

La quatrième rangée à 5 termes, les 2 termes x et a, et 3 produits intermédiaires. Elle a 3 produits intermédiaires, parce que de 1 à 4, la différence est 3.

Le premier des 3 produits est $4\,ax^3$.

Le coefficient est 4, puisque 4 est le 4e nombre naturel.

L'exposant de a est 1, puisque nous sommes dans la première puissance; l'exposant de x est 3, puisque nous reculons d'un degré et que 4 exposant — 1 devient exposant = 3.

Le deuxième des 3 produits est $6a^2x^2$.

Ici le coefficient de a est 6, parce que le 3e nombre de la série triangulaire est 6.

L'exposant de a est 2, puisque nous entrons dans la deuxième puissance; l'exposant de x est 2, puisque nous reculons d'un degré.

Enfin le troisième produit est $4\,a^3x$.

Le coefficient est 4, 2e nombre de la série pyramidale, parce que nous entrons dans la troisième puissance, et que dans cette puissance, les coefficients de a sont des nombres pyramidaux, nombres qui, nous l'avons déjà dit, correspondent à la troisième puissance.

L'exposant de a est 3, puisque nous sommes entrés

dans la troisième puissance. L'exposant de x est 1, puisque nous reculons d'un degré.

Nous pourrions continuer indéfiniment cette démonstration, mais nous pensons que ce qui précède est suffisant pour montrer la marche à suivre dans le développement des autres puissances.

REMARQUES SUR LA MARCHE DES COEFFICIENTS.

RAISON DE L'IDENTITÉ DES COEFFICIENTS ÉQUIDISTANTS.

Dans les puissances paires, les produits intermédiaires sont en nombre impair, puisqu'alors la différence est impaire. Dans ce cas, il y a un coefficient central. Les exposants des 2 termes sont égaux et leur somme est égale à l'exposant de la puissance. Tous les autres coefficients qui sont placés à égale distance de ce coefficient central, sont semblables.

Ainsi dans la deuxième puissance, le coefficient central et unique est $2ax$.

Dans la quatrième, le coefficient central est $6a^2x^2$, et les 2 coefficients équidistants sont $4ax^3$ et $4a^3x$.

Dans la sixième le coefficient central est $20a^3x^3$ et les 4 coefficients équidistants sont $6ax^5$ et $6a^5x$, puis $15a^2x^4$ et $15a^4x^2$.

Dans les puissances impaires, la différence étant paire, les produits intermédiaires sont en nombre pair. Alors il y a 2 coefficients au centre, mais les exposants des 2 termes a et x sont, l'un pair, et l'autre impair, et leur somme est égale à l'exposant de la puissance.

Ainsi dans la troisième puissance, les 2 coefficients au centre sont $3ax^2$ et $3a^2x$.

Dans la cinquième, les 2 coefficients du centre sont $10\, a^2x^3$ et $10a^3x^2$.

Les 2 autres coefficients équidistants sont $5ax^4$ et $5a^4x$.

Dans la septième les coefficients du centre sont $35a^3x^4$ et $35a^4x^3$.

Les 4 autres coefficients équidistants sont $21a^2x^5$ et $21a^5x^2$; puis $7ax^6$ et $7a^6x$.

Mais pourquoi cette identité des coefficients équidistants du coefficient central dans les puissances paires, et des 2 coefficients centraux dans les puissances impaires ?

La raison, ce nous semble est, celle-ci :

Les 2 termes x et a, ayant les mêmes facteurs et marchant en sens inverse, sont dans la situation de 2 courriers qui partent de 2 points différents, marchant à pas égal, à la rencontre l'un de l'autre et passant par des étapes semblables. Ils doivent donc se rencontrer à un point donné, c'est-à-dire juste à la moitié de la distance qui existe du point x au point a. Ils se rencontrent donc au *centre* de la route. De là le coefficient central dans les puissances paires ; de là les 2 coefficients centraux dans les puissances impaires.

Bien que dressée dans un ordre d'idées différent, la table de Pythagore nous offre dans la marche diagonale de ses produits quelque chose de semblable à la loi d'équidistance des coefficients du triangle de Pascal et du Binôme de Newton.

Donc, en lisant la table de Pythagore en diagonale, de droite à gauche en descendant, ou de gauche à droite, en montant, nous avons des produits équidistants du produit central, quand lé 1er chiffre de la diagonale est impair, et des deux produits centraux, quand le 1er chiffre de la diagonale est pair.

Ainsi, par exemple, si nous prenons la diagonale de 9, nous avons :

9. 16. 21. 24. 25. 24. 21. 16. 9.

Ici, le produit 25 est le produit central, et les autres produits, en s'en rapprochant ou en s'en éloignant, suivent entre eux la progression des nombres impairs 1. 3. 5. 7, etc.

Si nous prenons la diagonale de 8, nous avons :

8. 14. 18. 20. 20. 18. 14. 8.

Ici, les 2 produits 20 et 20 sont les 2 produits centraux, et les autres produits, en s'en rapprochant ou en s'en éloignant, suivent la progression des nombres pairs 2. 4. 6, etc. On voit donc, par ce qui précède, qu'il y a similitude de marche entre les coefficients du binôme et les produits de la table de Pythagore.

FORMATION DES COEFFICIENTS DU BINÔME DE NEWTON AU MOYEN DE LA TABLE DE PYTHAGORE.

Nous avons vu dans le premier paragraphe de ce chapitre, comment avec la table de Pythagore, Pascal a formé son triangle arithmétique. Or, le triangle de Newton, ayant comme coefficients les mêmes nombres que le triangle de Pascal, nous concluons rigoureusement que la table de Pythagore a donné naissance au binôme de Newton.

Le mérite particulier de Newton a été de savoir convenablement adapter les exposants aux coefficients du triangle de Pascal.

FORMATION DES TERMES DE DÉVELOPPEMENT D'UNE PUISSANCE QUELCONQUE DU BINÔME DE NEWTON PAR LA MULTIPLICATION DU COEFFICIENT ET DE L'EXPOSANT.

On n'a pas toujours sous les yeux le triangle de Pascal, ni le binôme de Newton. Il faut donc un moyen de trouver immédiatement tous les termes de développement d'une puissance quelconque.

Or, ce moyen est simple et facile.

Une puissance quelconque étant indiquée, pour trouver tous les termes de son développement, il suffit de multiplier dans chaque terme, l'exposant de x par le coefficient de a; de diviser le produit obtenu par l'exposant de la puissance suivante. On obtient ainsi les coefficients de a.

On n'a plus alors qu'à donner à a l'exposant de la puissance dans laquelle on le fait entrer et qu'à diminuer d'une unité l'exposant de x. Nous allons rendre ceci plus sensible par un exemple.

Supposons qu'on nous demande de former la cinquième puissance de $x + a$.

Nous disons :

1° x^5.

2° $1 \times 5 =$. D'où 5 a. Diminuant x^5 d'une unité, nous avons x^4. D'où la formation complète du 2e terme de développement : $5ax^4$.

3° $5ax^4$. $5 \times 4 = 20$. $20 < 2 = 10$. Donc $10\ a^2x^3$.

Nous avons divisé 20 par 2, parce que nous sommes entrés dans la deuxième puissance. Nous donnons à a l'exposant 2, celui de la puissance dans laquelle il est entré. Nous donnons à x l'exposant 3, parce que a augmentant d'une unité, x diminue d'une unité.

4° $10\ a^3 x^2$. $10 \times 3 = 30$. $30 \leqslant 3 = 10$. Donc $10a^3x^2$.

Nous avons divisé le produit 30 par 3, parce que nous sommes entrés dans la troisième puissance. Nous donnons à a l'exposant 3, celui de la puissance dans laquelle il est entré. Nous donnons à x l'exposant 2, parce que a augmentant d'une unité, x diminue d'une unité.

5° $5a^4x$. $10 \times 2 = 20 \leqslant 4 = 5$. D'où $5a^4x$.

Nous avons divisé le produit 20 par 4, parce que nous sommes entrés dans la quatrième puissance. Nous donnons à a l'exposant 4, celui de la puissance dans laquelle il est entré, x reste avec l'exposant de l'unité. Donc il ne reparaîtra plus dans le dernier terme du développement, pas plus que a n'a paru dans le premier terme.

6° Nous restons donc avec a^4, plus l'exposant de x, c'est-à-dire avec a^5.

MOYEN DE CONTROLE POUR SAVOIR SI L'ON NE S'EST PAS TROMPÉ DANS LA FORMATION DES TERMES D'UNE PUISSANCE.

Ce moyen consiste à faire la somme des unités des coefficients qui entrent dans la formation d'une puissance.

Or, dans le binôme de Newton, comme dans le triangle de Pascal, la somme d'unités fournie par l'ensemble des coefficients d'une puissance correspond aux puissances numériques du nombre 2. On compte les termes x et a chacun pour une unité. On ajoute à ces 2 unités la somme des unités des autres coefficients, et on trouve que la somme des unités des coefficients est :

Dans la 1re puissance	2
Dans la 2[e]	4
3[e]	8
4[e]	16
5[e]	32
6[e]	64
7[e]	128
8[e]	256
9[e]	512
10[e]	1024, etc.

CONCLUSION.

Pascal et Newton, personne ne le conteste, sont deux grands génies. En cette qualité, ils ont rendu à la science d'inappréciables services. Cependant, quand on va au fond des choses, on est forcé de reconnaître qu'ils ont tiré parti des travaux de leurs devanciers : Chose permise. Mais pourquoi, ayant compris et traduit dans leur langue savante, la très-savante Table de Pythagore, ne nous ont-ils pas avertis des emprunts faits par eux à la science antique ? Pourquoi ?

Auraient-ils craint, en faisant un aveu qui cependant ne les eût pas amoindris, de passer pour moins savants ?

Nous n'en savons rien !

SOLUTION DES PROBLÈMES

POSÉS DANS LE JOURNAL *LES MONDES*.

Nous terminerons cette première partie en insérant ici avec leurs solutions les problèmes que nous avons posés dans *Les Mondes*, revue hebdomadaire des sciences, publiée par M. l'abbé Moigno (nos des 18 novembre 1875, 6 janvier, 2 mars, 27 août 1876).

PREMIER PROBLÈME.

Un berger de la Beauce se rend à la foire de Chartres pour y acheter des moutons, et se trouve en présence de 14 lots de bêtes à laine. S'étant informé du nombre des animaux mis en vente, il reçoit les indications suivantes : Vous savez, lui dit-on, qu'il y a des nombres qui jouissent de la propriété d'être à la fois et triangulaires et carrés. Eh bien ! le total des moutons mis en vente est égal :

1° A la plus forte moitié du deuxième de ces nombres;

2° Plus 4 fois le premier de ces nombres ;

3° Plus 4 fois la racine carrée du premier de ces nombres.

Ce total de moutons à vendre est d'autre part la différence entre 2 nombres consécutifs élevés à une puissance inconnue.

Les deux premiers lots, comparés l'un à l'autre, sont entre eux comme le deuxième nombre consécutif est au carré du premier nombre consécutif.

Les troisième et quatrième lots, comparés l'un à l'autre, sont entre eux comme la racine carrée du deuxième nombre en même temps triangulaire et carré est au premier nombre en même temps triangulaire et carré.

Les cinquième et sixième lots, comparés l'un à l'autre, sont entre eux comme le premier nombre consécutif est au carré du deuxième nombre consécutif.

Les septième et huitième lots, comparés l'un à l'autre, sont entre eux comme les restes du cinquième lot, après l'extraction de la racine carrée et de la racine cubique, c'est-à-dire lorsqu'après les deux extractions, on compare un reste à l'autre.

Les neuvième et dixième lots sont dans la condition suivante : ayant fait la somme des septième et huitième lots, en extraire d'abord la racine cubique ; extraire ensuite de la même somme la racine carrée. Alors, les neuvième et dixième lots, comparés l'un à l'autre, sont entre eux comme ces restes comparés l'un à l'autre.

Les onzième et douzième lots, comparés l'un à l'autre, sont entre eux comme la différence entre les carrés des 2 nombres consécutifs est au produit de ces deux nombres consécutifs.

Le treizième lot est le quart du sixième lot.

Le quatorzième lot est égal au premier lot.

Le berger achète :

1° Dans le premier lot un nombre de moutons égal au plus fort nombre triangulaire contenu dans ce lot;

2° Dans le deuxième lot, la valeur d'un carré ayant pour racine le double du premier nombre consécutif ;

3° Dans le troisième lot, la valeur d'un nombre triangulaire ayant pour base ou côté la différence entre les carrés des deux nombres consécutifs ;

4° Dans le quatrième lot, la valeur d'unnombre triangulaire ayant pour côté le double du premier nombre consécutif;

5° Dans le cinquième lot, une quantité égale à celle qu'il a prise dans le deuxième lot;

6° Dans le sixième lot, la valeur d'un nombre triangulaire ayant pour côté le carré du deuxième nombre consécutif;

7° Dans le septième lot, le plus haut carré qui y est contenu;

8° Dans le huitième lot, la valeur d'un nombre triangulaire ayant pour côté le double de la différence entre les carrés des 2 nombres;

9° Dans le neuvième lot, la valeur d'un nombre triangulaire ayant pour côté le deuxième nombre consécutif;

10° Dans le dixième lot, la valeur d'un carré ayant pour racine la différence entre les carrés des 2 nombres consécutifs;

11° Dans le onzième lot, une valeur triple de celle qu'il a prise dans le neuvième lot;

12° Dans le douzième lot, une quantité égale à celle du septième lot mis en vente;

13° Dans le treizième lot, une quantité égale à celle du cinquième lot mis en vente;

14° Dans le quatorzième lot, la totalité, moins 1, du premier lot mis en vente.

D'après les clauses de son marché, le berger, avant de rentrer chez lui, doit s'arrêter dans six fermes différentes pour y laisser les moutons qu'il a promis de livrer. Il doit, de plus, d'abord marcher en carré, puis, après sa première étape, continuer sa route en triangle, et cela alternativement, de carré en triangle, jusqu'à son domicile, malgré les livraisons successives qu'il aura à faire le long du parcours. Après sa dernière livraison, il pourra, avec le reste de ses moutons, rentrer chez lui, soit en triangle, soit en carré : en triangle, si son chien s'amuse à courir la plaine; en carré, si son chien revient se placer à côté de ses moutons.

Fidèle à son contrat, le berger part en carré. Dans la première ferme, il laisse une quantité de moutons égale à celle qu'il a achetée dans le premier lot mis en vente, et s'en va en triangle. Dans la deuxième ferme, il laisse un nombre de moutons égal au double du carré du deuxième nombre consécutif, et repart en carré. Dans la troisième ferme, il livre une quantité de moutons égale à un nombre triangulaire ayant pour côté la somme du premier lot mis en vente, plus le premier des 2 nombres consécutifs inconnus.

Il continue sa route avec ses moutons disposés en triangle. Dans la quatrième ferme, il laisse ce qu'il a acheté dans le troisième lot mis en vente, et s'en va en carré.

Dans la cinquième ferme, il laisse une quantité de moutons égale à un nombre triangulaire ayant pour côté le double de la différence entre les carrés des 2 nombres consécutifs inconnus; cela fait, il repart en triangle.

Dans la sixième ferme, il laisse autant de moutons que dans la cinquième ferme.

Avec le reste de ses moutons, il revient chez lui. On marche tantôt en triangle, tantôt en carré : en triangle quand le chien s'écarte; en carré quand il revient auprès de ses moutons. Enfin, il arrive chez lui en carré; et son carré se trouve être les 2/3 de la racine du carré qu'il conduisait en quittant Chartres.

On demande :

1° Quels sont les 2 nombres, à la fois triangulaires et carrés, dont il est question au début du problème;

2° Quels sont les 2 nombres consécutifs inconnus et leur différence à la puissance inconnue dont il est en second lieu question;

3° Le nombre total des moutons mis en vente, et le nombre partiel de chaque lot;

4° Le nombre total des moutons achetés, et le nombre partiel de chaque achat;

5° La somme des 6 livraisons et le montant partiel de chaque livraison;

6° Tous les nombres triangulaires et carrés qui entrent dans la solution du problème.

Ce problème n'est nullement indéterminé et son énoncé est suffisant.

Tel est le problème d'ensemble dans lequel nous avons résumé la plupart des lois qui régissent le calcul par le triangle et le carré. Il a été résolu par les lois de l'arithmétique par un savant ecclésiastique de la Bretagne. Un autre savant, dont nous ignorons le nom, a prétendu que ce problème était indéterminé. Nous allons voir qu'il n'en est rien.

Les 2 premiers nombres en même temps triangulaires et carrés sont 36 et 1225, ainsi que nous l'avons dit en son lieu.

Or, la plus haute moitié de 1225 est	613
Plus 4 fois 36	= 144
Plus 4 fois la racine carrée de 36 (4 × 6)	= 24
Total des moutons mis en vente	= 781

Le nombre 781 est la différence entre les carrés de 390 et 391, d'une part, et la différence entre 3 et 4 à la cinquième puissance, d'autre part.

L'ensemble de l'énoncé défend au lecteur de considérer le nombre 781 comme étant ici la différence entre les carrés de 390 et 391. Car, on demande d'une part « quels sont les 2 nombres consécutifs inconnus et leur différence à la puissance inconnue dont il est en second lieu question » ; or, si les nombres inconnus sont 390 et 391, comment le berger pourra-t-il, d'autre part, acheter dans le deuxième lot la valeur d'un carré ayant pour racine le double du premier nombre consécutif, c'est-à dire comment pourra-t-il acheter dans un seul lot 611,524 moutons, carré ayant pour racine le double de 391, c'est-à-dire 782 (782 × 782 = 611,524), alors que le total des moutons mis en vente n'est que 781 ? Ces deux seules conditions imposées, sans parler des autres, enlèvent donc au problème son indétermination ; et le nombre 781 doit ici se référer comme différence à une autre puissance. Or, cette autre puissance inconnue est précisément la cinquième puissance, entre 3 et 4.

Nous avons choisi tout exprès le nombre 781 afin de nous assurer si les algébristes connaissaient les lois triangulaires spéciales aux différences entre nombres consécutifs à la cinquième puissance. Nous avons acquis la certitude que ces lois, ainsi que beaucoup d'autres, ne sont pas connues en Algèbre.

Donc, appliquant la loi qui régit la cinquième puissance, nous détachons l'unité du nombre 781 ; nous avons 78, nombre triangulaire dont la base ou le côté est 12, produit des 2 nombres consécutifs.

Nos 2 nombres consécutifs sont donc 3 et 4.

Nous avons maintenant tous les éléments de solution ; le reste du problème n'est qu'un jeu de patience et d'attention ; nous n'avons plus qu'à mettre les nombres en rapport différentiel et proportionnel. Nous aurons pour les moutons mis en vente les proportions suivantes :

5	4 =	20	1er lot. Achats.	Δ	15
	9 =	45	2e	carré	36
1	35 =	35	3e	Δ	28
	36 =	36	4e	Δ	21
13	3 =	39	5e	carré	36
	16 =	208	6e	Δ	136
9	3 =	27	7e	carré	25
	12 =	108	8e	Δ	105
4	10 =	40	9e	Δ	10
	14 =	56	10e	carré	49
5	7 =	35	11e		30
	12 =	60	12e		27
		52	13e		39
		20	14e		19
		781		carré	576 R. 24.

Livraisons.

1re	15. 576 —	15	reste 561	Δ
2e	32. 561 —	32	529	carré
3e	276. 529 —	276	253	Δ
4e	28. 253 —	28	225	carré
5e	105. 225 —	105	120	Δ
6e	105. 120 —	105	15	Δ

Total des livraisons 561 Δ

15 Δ sans le chien,

16 carré avec le chien.

16 = les 2/3 de la racine du carré 576.

DEUXIÈME PROBLÈME (nº du 8 janvier 1876).

Deux nombres consécutifs élevés à la cinquième puissance donnent comme différence 469711.

1º Dire quels sont ces 2 nombres;

2º Ces 2 nombres étant trouvés, calculer leur différence à la quinzième puissance, mais à condition de ne pas dépasser les *limites*, les *données* de la cinquième puissance.

SOLUTION. — Procédant en vertu de la loi des cinquièmes puissances, nous détachons l'unité et nous avons un nombre triangulaire ayant pour base 306, produit des 2 nombres 17 et 18.

Sans dépasser les limites de la cinquième puissance, nous obtenons sans peine la différence entre les dixièmes puissances, en multipliant la somme des cinquièmes puissances de 17 et 18, qui est 3,309,425 par leur différence 469711.

Nous obtenons comme résultat 1,554,473,326,175, différence des dixièmes puissances de 17 et de 18.

Pour obtenir la différence entre les quinzièmes puissances de 17 et de 18, vous multipliez 1,554,473,326,175, différence des dixièmes puissances, par 3,309,425, somme des cinquièmes puissances.

Cette opération vous donne un produit trop élevé; vous en retranchez la valeur du produit 306 élevé à la cinquième puissance et multiplié par 469711, élevé aussi à la cinquième puissance. Le reste 3,884,216,111,397,636,861, est la différence demandée entre les quinzièmes puissances de 17 et de 18.

Ceci repose sur une loi que nous expliquerons dans le calcul des puissances, loi relative aux exposants composés de plusieurs facteurs, comme 12, 15, 18, 21, 24, etc., etc.

TROISIÈME PROBLÈME.

Deux nombres inconnus élevés à une puissance inconnue donnent comme différence 166,531. Dire quels sont ces 2 nombres et calculer leur différence à la neuvième puissance.

Ce problème est sans doute indéterminé, puisque le nombre 166531 est la différence entre les carrés de 83265 et 83266, et la différence entre les cinquièmes puissances de 13 et de 14. Mais, en le posant, nous voulions savoir si l'on trouverait sans tâtonnement ces 2 solutions.

Nous voulions faire appliquer la loi spéciale aux différences des cinquièmes puissances entre nombres consécutifs.

La deuxième partie du problème vise une loi générale que nous expliquerons plus au long dans le calcul des puissances.

Pour trouver la différence entre les nombres à la neuvième puissance, sans dépasser la cinquième puissance, on combine ensemble les 2 exposants 4 et 5.

On multiplie la différence entre les quatrièmes puissances par la somme des cinquièmes puissances, on ajoute à ce produit le produit des 2 nombres élevés à la quatrième puissance, ayant soin, si les nombres ne sont pas consécutifs, de multiplier ce produit par la différence entre les 2 nombres.

Ainsi, dans ce problème, si nous considérons le nombre 166531 comme étant la différence entre 13 et 14 à la cinquième puissance, nous obtiendrons la différence à la neuvième puissance :

1° En multipliant 3855, différence entre 13 et 14 à la quatrième puissance, par 909,117, somme des cinquièmes puissances de 13 et de 14; nous aurons comme produit 8,959,348,035.

2° En élevant le produit de 13 et 14, c'est-à-dire 182 à la quatrième puissance, ce qui nous donnera 1,097,199,376
Nous aurons donc, avec le produit ci-dessus, 8,959,348,035
Pour total 10,056,547,411

(NOTA. Nous avons commis une erreur de transcription dans la solution que nous avons donnée dans *Les Mondes*, n° du 2 mars 1876. Le chiffre que nous donnons ici, 10,056, 547,411 est seul exact.)

QUATRIÈME PROBLÈME.

Étant donné le nombre triangulaire 286, 146, former, à l'aide de 2 multiplications successives, le nombre triangulaire 23,177,836.

Dire par quel nombre, toujours le même, il faut d'abord multiplier le nombre triangulaire 286,146, et ensuite le produit obtenu, pour former le nombre triangulaire 23, 177,836, et en vertu de quelle loi cela peut se faire.

SOLUTION. — Le nombre par lequel il faut multiplier est $9 + 1$.

Qu'on se reporte au n° 49.

Nous avons donc comme opération :

$$286{,}146 \times 9 + 1 = 2{,}575{,}315 \times 9 + 1 = 23{,}177{,}836.$$

CINQUIÈME PROBLÈME.

Deux nombres consécutifs, élevés à la treizième puissance, donnent comme différence : 96,887,416,084.

Élevés à la dix-septième puissance, ils donnent comme somme : 232,630,643,127,370.

Dire quels sont ces 2 nombres, en n'employant pour l'opération que treize chiffres, ce qui demande comme temps à peu près trois secondes, montre en main.

Ce problème a été résolu par un savant algébriste, au moyen des logarithmes, avec 2 pages in-4° d'x et d'y. Le problème n'a donc été résolu par personne, dans les conditions que nous avions imposées.

Nous allons donner notre solution, et en dire les raisons scientifiques.

$$10 - 4 = \frac{6}{2} = 3, \text{ 1}^{\text{er}} \text{ nombre.}$$

$$10 + 4 = \frac{14}{2} = 7, \text{ 2}^{\text{e}} \text{ nombre.}$$

On voit ici :

1° Que 13 chiffres suffisent à l'opération, et que cela peut se faire de tête, presqu'*instantanément* ;

2° Que la différence entre les 2 nombres est 4, ce qui est marqué dans le premier terme du problème : « La différence entre 2 nombres consécutifs, élevés à la treizième puissance, est : 96,887,416,084 ; »

3° Que la somme des 2 nombres est 10 ($3 + 7 = 10$) ; ce qui est également marqué dans le deuxième terme du problème : « La somme de ces 2 nombres à la dix-septième puissance est : 232,630,643,127,370. »

Ce problème a été posé d'après les lois générales des évolutions périodiques des puissances, de leurs différences et de leurs sommes.

Un nombre quelconque, élevé en puissances, accomplit son évolution de 4 en 4 puissances, à partir de la première puissance. Les différences et les sommes de 2 nombres, consécutifs ou non consécutifs, obéissent à la même loi. D'autre part, il y a corrélation entre la désinence et la divisibilité des nombres élevés en puissance. Enfin, il y a un contrôle efficace entre la différence de 2 nombres à une autre puissance qui est le commencement d'une nouvelle évolution périodique, et la somme de ces 2 nombres à une autre puissance qui est le commencement d'une nouvelle évolution périodique, à une autre période; et réciproquement.

Ainsi, pour les nombres choisis dans le problème, 3 et 7 ; leur différence primitive, à la première puissance, est 4 ; à la deuxième évolution périodique, à la cinquième puissance, elle est 16,564; à la troisième évolution périodique elle est 40,333,924 ; c'est la neuvième puissance.

A la quatrième évolution périodique, à la treizième puissance, elle est 96,887,416,084. Toujours la désinence est 4, et le nombre est divisible par 4, et non pas par 14, ni par 24, ni par 34, etc.

La somme des 2 nombres à la dix-septième puissance est un contrôle efficace qui nous dispense de recourir aux logarithmes. Cette somme est : 232,630,643,127,370.

Elle se termine par un zéro. Donc le nombre est divisible par 10, première conclusion; donc la somme des 2 nombres demandés est 10, deuxième conclusion.

Pourquoi tirons-nous cette seconde conclusion ?

Parce que si la somme des 2 nombres était 20, ou 30, ou 40, la différence à la treizième puissance qui contrôle ce nombre serait ou 14, ou 24, ce qui ne peut être, le nombre 96,887,416,084 n'étant pas divisible par 14 ni par 24.

De plus, dans ces 2 hypothèses nous aurions pour somme des 2 nombres, si la différence au lieu de 4 était ou 14, ou 24, d'un côté 20, et de l'autre côté 30, comme nous venons de le dire ci-dessus; ce qui nous donnerait des nombres beaucoup plus élevés.

Mais, tous ces principes seront plus amplement développés dans notre seconde partie : calcul des puissances. Nous sommes entré dans quelques détails sur ce point, afin de montrer que ce problème n'avait pas été posé au hasard, mais en vertu d'une loi générale qui régit les puissances dans des conditions déterminées.

Nous terminons en reproduisant l'énoncé de neuf problèmes insérés dans *Les Mondes*, n° du 27 avril 1876.

Nos lecteurs les résoudront sans peine en se reportant aux principes exposés dans cette première partie.

1° — Démontrer *graphiquement*, c'est-à-dire par des points, que *toutes* les puissances d'un nombre entier quelconque peuvent être ramenées à 2 termes, les puissances impaires au triangle, et les puissances paires au carré. Dire en vertu de quelle loi mathématique cela peut se faire, et sans aucun tâtonnement.

2° — La somme de 2 nombres non consécutifs élevés à la quatrième puissance est 24,832. Ces 2 nombres, élevés à une autre puissance inconnue, donnent comme somme : 8,984, 819,924,992.

Supposant la première partie de la question résolue, dire presqu'*instantanément* à quelle puissance se réfère le nombre : 8,984,819,924,992.

3° — Étant donné le carré 4,489, trouver la différence entre 2 cubes consécutifs, sans même connaître ces cubes.

4° — Étant donné le nombre triangulaire 153, trouver 2 carrés dont la *différence* soit un *cube*, et la *somme* un nombre *triangulaire*.

5° — Étant donné le nombre 61, différence entre 2 cubes, trouver 2 carrés dont la *différence* soit un nombre *triangulaire*.

6° — Étant donné le carré 24,649, trouver la différence entre 2 nombres consécutifs élevés à la septième puissance.

7° — Étant donné le nombre triangulaire 1830, déterminer la *différence* entre 2 nombres consécutifs élevés à la sixième puissance.

8° — Étant donné le nombre triangulaire 10,440, déterminer la *somme* de 2 nombres consécutifs élevés à la sixième puissance.

9° — Étant donné le nombre triangulaire 2,701, déterminer la *différence* entre 2 nombres consécutifs élevés à la neuvième puissance.

TABLE DES MATIÈRES.

—

CHAPITRE TROISIÈME.

LE CALCUL NONAL.

ÉTUDE SUR LE TRIANGLE.

ÉTUDE SUR LE CARRÉ.

CHAPITRE ADDITIONNEL.

CHAPITRE SPÉCIAL.

FIN DE LA TABLE.

58. — Abbeville. — Typ. et stér. Gustave Retaux.

www.ingramcontent.com/pod-product-compliance
Ingram Content Group UK Ltd.
Pitfield, Milton Keynes, MK11 3LW, UK
UKHW021142260726
13994UKWH00001B/252